"十二五"高等职业教育规划教材

建筑工程测量实训与实习指导

主 编 肖 飞 韦东波 韦源生
副主编 欧 龙 唐 群 刘 凯 文 博
参 编 胡吉平 覃超贤 许国平 刘 洋
主 审 李晓东

北京理工大学出版社
BEIJING INSTITUTE OF TECHNOLOGY PRESS

内 容 提 要

本书是《建筑工程测量》一书的配套教材,全书共分3篇内容和7个附录,包括建筑工程测量实训与实习须知、建筑工程测量实训指导、建筑工程测量实习指导书、全站仪简易操作、移动GPS简易操作、CASS9.1快速入门、测量实训记录表格、测量实训报告、《建筑工程测量》练习题及参考答案等内容。在讲授建筑工程测量实训课时应先仔细阅读本书中测量实训与实习须知和测量实训指导,实训时将试验数据记录在相应的表格中。

本书可作为高等职业院校建筑工程、建筑学、建筑装饰、工程管理、工程监理、市政工程、村镇规划、隧道工程、给水与排水、供热与通风等专业的教学用书,也可作为相关专业技术人员的参考用书。

图书在版编目(CIP)数据

建筑工程测量实训与实习指导/肖飞,韦东波,韦源生主编. —北京:北京理工大学出版社,2013.5(2019.6重印)

ISBN 978 - 7 - 5640 - 7735 - 8

Ⅰ.①建…　Ⅱ.①肖…②韦…③韦…　Ⅲ.①建筑测量　Ⅳ.①TU198

中国版本图书馆 CIP 数据核字(2013)第 107015 号

出版发行 / 北京理工大学出版社有限责任公司		
社　　址 / 北京市海淀区中关村南大街5号		
邮　　编 / 100081		
电　　话 / (010)68914775(总编室)		
(010)82562903(教材售后服务热线)		
(010)68948351(其他图书服务热线)		
网　　址 / http://www.bitpress.com.cn		
经　　销 / 全国各地新华书店		
印　　刷 / 河北鸿祥信彩印刷有限公司		
开　　本 / 787毫米×1092毫米　1/16		
印　　张 / 10.5		
字　　数 / 212千字	责任编辑 / 王玲玲	
版　　次 / 2013年5月第1版　2019年6月第4次印刷	责任校对 / 周瑞红	
定　　价 / 29.00元	责任印制 / 边心超	

图书出现印装质量问题,请拨打售后服务热线,本社负责调换

前　言

科学技术的迅速发展，使得测量技术发生了巨大的变革。本书作为"十二五"高等职业教育规划教材，力求反映现代测量技术在建筑工程中的实际应用。为此本书根据现行的高职高专土建类专业教学的基本要求，贯彻"以学生为中心，以就业为导向"的方针，编写时始终强调实用与实践相结合，使学生通过本课程的学习，掌握建筑工程测量的基本理论、基本方法和基本原理，为将来从事建筑工程测量工作打下扎实的理论和实践基础。

本书是《建筑工程测量》（肖飞、欧龙、唐群主编）一书的配套教材，旨在帮助学生更加深刻地理解、掌握测量外业操作的过程，熟练地进行内业计算的训练，方便教师的教学，也给广大读者提供有益的帮助。

本书的出版得到了"桂林理工大学教材建设基金"资助。本书由桂林理工大学的肖飞、韦东波、韦源生担任主编，桂林理工大学的欧龙、唐群，广西水利电力职业技术学院的刘凯，广西理工职业技术学院的文博担任副主编，北京交通大学的胡吉平，桂林理工大学的覃超贤、许国平，广西理工职业技术学院的刘洋参与编写。全书由肖飞负责统稿，广西机电职业技术学院的李晓东教授担任主审并提出许多宝贵的意见，在此表示由衷的感谢！

在本书的编写过程中，编者参阅及引用了部分同类书籍的资料，在此，谨向有关作者表示诚挚的谢意。由于编者水平有限，书中不足之处难免存在，敬请广大师生及读者批评指正。

编　者

目　　录

第一篇　建筑工程测量实训与实习须知

建筑工程测量的理论、实训和实习是本课程的三个重要的环节。只有坚持理论与实践的紧密结合，认真进行测量仪器的操作应用和测量实践训练，才能真正掌握建筑工程测量的基本原理和基本技术方法，掌握基本的操作技能，才能达到一定的动手能力。

一、实训与实习的一般要求

测量仪器历来属于贵重设备，尤其是目前的精密光学、机械化、电子化仪器，在其功能日益先进的同时，其价格也更为高昂。对仪器的正确使用、精心爱护和科学保养，是测量人员必须具备的素质，也是保证测量成果的质量、工作效率的提高、仪器性能的发挥和其使用年限的延长的必要条件。

（1）实训或实习课前，应阅读教材中有关内容和预习本书中相应项目，了解学习的内容、方法和注意事项。

（2）实训或实习时分小组进行。学习委员向任课教师提供分组的名单，确定小组长。

（3）实训和实习是集体学习行动，任何人不得无故缺席或迟到；应在指定场地进行，不得随便改变地点。

（4）在实训和实习中认真观看指导老师进行的示范操作，在使用仪器时严格按操作规则进行。

二、测量仪器使用注意事项

1. 借用测量仪器与工具

（1）每次实习时，以小组为单位到测量仪器室借用测量仪器与工具，借用时必须交本组一个成员的《学生证》给仪器室登记，并在领借单上签名。

（2）借用仪器时应当场检查与清点，如有不符，立即向仪器室管理人员说明。

（3）各小组借出的仪器与工具不得私下调换。

（4）在实习过程中如发现仪器有异常，应立即向指导教师或仪器室报告，由指导教师或仪器室人员按制度处理，绝对不允许私自拆卸仪器；如有遗失或损坏，应写出书面报告说明情况，进行登记，并应按有关规定赔偿。

（5）实习结束后，小组长负责组织清点仪器和工具，擦拭干净，按时归还仪器室。

2. 使用仪器时的注意事项

（1）携带仪器时，应检查仪器箱盖是否扣牢锁好，提手和背带是否牢固。

（2）放置仪器箱时要轻而平稳，不应将箱盖朝下，以免开箱时仪器滚出，损坏仪器。

（3）开箱取仪器时，应记住仪器各部位在箱内所处的位置，以便用完仪器后能按原位放回。

（4）脚架放稳后，从仪器箱中用双手取出仪器，将仪器轻轻放到脚架架头上，一只手紧握住仪器，另一只手旋紧脚架与仪器基座之间的连接螺旋。严禁从仪器箱中取出仪器时手提望远镜，仪器取出安好后，要将仪器箱盖扣好，不准在箱上坐人。

（5）作业时必须注意如下事项：

1）仪器一经安置，无论是否观测，测站上不得离人，严防无人看管或人远离仪器。

2）使用仪器时用力要有轻重感，不允许旋转螺旋时用力过大；制动螺旋未松开时，不得硬性转动仪器；脚螺旋和微动螺旋活动范围有限，使用时应注意用其中间部位，勿旋至极限位置，以免失灵。

3）对仪器上不了解性能的部件不准盲目乱动，更不准私自拆卸仪器。

4）仪器不能在太阳光下暴晒，更不能受潮雨淋，在烈日下或雨水下观测时应撑太阳伞遮挡。仪器镜头上的灰尘、污痕，只能用软毛刷和镜头纸轻轻擦去；不能用手指或其他物品擦，以免磨坏镜面。

5）仪器迁站时，若在短距离平坦地段，则先检查脚架中心连接螺旋是否拧紧，然后向中间收拢三脚架，一手握仪器基座或支架，另一手握脚架，并夹于腋下前进。若是长距离或困难地区搬站，必须把仪器装箱后再搬。严禁将仪器扛在肩上迁站。

6）仪器用完装箱时，先松开各制动螺旋，按原样放入箱中；在箱内将仪器正确就位后，拧紧各制动螺旋，取出的附件也应——放回原处，放好以后关上箱盖，扣上锁好。如箱盖关不上，应查明原因并做相应处理，不可强压，以免仪器受损。

3. 工具使用注意事项

（1）塔尺必须有人扶立，严禁将塔尺靠在树上或建筑物上，以防风吹而倒下摔坏。

（2）钢尺必须防止车辆辗压，防止扭折、潮湿。钢尺用完后应擦去污泥、水渍，涂上防锈油，卷好。

（3）皮尺切忌着水，万一受潮，应晾干后再理顺卷入盒内。使用时不宜用大力猛拉硬扯。

（4）塔尺、花杆、脚架等工具不用时，不要斜靠在树、墙、电线杆上，以免倒下摔坏，应平放在地面上。以上工具平放在地面上后不能坐人。

（5）花杆不能撞击硬物，以免损坏尖端。严禁将花杆当作标枪投掷。

（6）不能拿任何测量工具当作玩具玩耍、打闹，以免损坏或伤人。

三、测量记录要求

测量记录是观测者通过观测取得的最原始的成果，客观地反映了观测值，因而一个测量人员要从思想上重视测量记录的客观真实性，培养严谨科学的工作作风，绝对不允许人为地加以修正，成为伪造的不可靠的数据。在进行测量记录时，要注意以下事项：

（1）所有的观测成果均应用铅笔（HB～2H）记入相应的观测手簿（一定格式的表格）内，不允许用零星纸张记录，更不允许转抄、誊写。

（2）观测记录表格上所有项目应填写齐全。

（3）记录要按要求取位，不得省略或增加，例如水准尺读数应为四位数，2.200 m 不能记为 2.2 m；度盘读数的分和秒均应为两数，例如 $16°09'06''$ 不能记为 $16°9'6''$。

（4）观测者在读出数字后，记录者应向观测者回报读数，以免听错记错。

（5）记录数字如有错误，应用横线划去错误数字，再将正确的数字记录在其上方，不允许用橡皮擦改，不许直接在原数字上改写，不得伪造记录，并要在备注栏说明原因。

（6）记录读数后，应立即进行有关项目的计算，并检查有关精度要求是否合格，合格后方能搬站或进行下一步工作。记录及计算必须"当站清"，不能只记不算或不检核。

（7）在计算平均值时，要按要求取位，如有余数，则按"四舍六入，逢五单进双不进"的原则取舍。例如 2.362 5 应取为 2.362，而 2.365 5 应取为 2.366。

第二篇　建筑工程测量实训指导

实训一　水准仪的认识和使用

一、目的与要求

(1)认识水准仪的基本结构,了解其主要部件的名称及作用。

(2)练习水准仪的安置、瞄准与读数。

(3)练习用水准仪读水准尺的方法及计算两点间高差的方法。

二、实训安排

(1)实训安排 2 个学时,每 3 或 4 人一组,观测、记录计算、立尺轮换操作。

(2)实训设备为每组 DS₃ 型水准仪 1 台,水准尺 1 把,记录板 1 块,测伞 1 把。

(3)实训场地安排不同高度的五根水准尺,各组在练习仪器安置、整平、瞄准、精平、读数的基础上,每人练习观测 2 根水准尺,分别编号为 A、B,并记录在实训报告中。

(4)实训结束时,每人上交 1 份实训报告。

三、实训步骤

1. 安置仪器

安置仪器于两点之间。将三脚架张开,使其高度在胸口附近,架头大致水平,并将架腿踩实;再开箱取出仪器,将其和脚架连接螺旋牢固连接。

2. 认识仪器各部件,并了解其功能和使用方法

水准仪部件包括准星和照门、目镜调焦螺旋、物镜调焦螺旋、制动螺旋、微动螺旋、脚螺旋、圆水准器、管水准器等。

3. 粗略整平

先用双手同时向内(或向外)转同一对脚螺旋,使圆水准器气泡移动到中间,再转动另一只脚螺旋使气泡居中。若一次不能居中,可反复进行。旋转螺旋时应注意气泡移动的方向与左手大拇指或右手食指运动方向一致。

4. 瞄准

转动目镜调焦螺旋，使十字丝分划清晰；松开制动螺旋，转动仪器，用准星和照准门瞄准水准尺，拧紧制动螺旋；转动微动螺旋，使水准尺位于视场中央；转动物镜调焦螺旋，使水准尺清晰，注意消除视差，详见教材内容。

5. 精平与读数

眼睛通过位于目镜左方的符合气泡观察窗观看水准器气泡，右手转动微动螺旋，使气泡亮端的半影像吻合(呈圆弧状)，即符合气泡严格居中，用十字丝横丝在水准尺上读取四位数字，读数时应从小往大读，按 m、dm、cm、mm 的次序一次报出四位数。

四、注意事项

(1)三脚架安置高度适当，架头大致水平。三脚架确实安置稳妥后，才能把仪器连接于架头。

(2)调节各种螺旋均应有轻重感。

掌握正确的操作方法，操作应轮流进行，每人操作一次，严禁几人同时操作仪器。第二人开始练习时，改变一下仪器的高度。用望远镜瞄准 A 点上的水准尺，精平后读取后视读数 a，并记入手簿；再瞄准 B 点上的水准尺，精平后读取前视读数 b，并记入手薄。用下式计算 A、B 两点的高差：

$$H_{AB}=后视读数-前视读数=a-b$$

改变仪高，由第二人做一遍，并检查与第一人所测结果是否相同。

(3)消除视差再读数。

(4)在水准尺上读数时，符合水准气泡必须居中，若不居中则必须重新读取读数，注意不能用脚螺旋调整符合水准气泡居中。

(5)认真学习"测量实训须知"。

水准测量读数见表1。

表1　水准测量读数记录

测站	测点	测次	视距		后视读数 a/mm	前视读数 b/mm	$h=a-b$/mm	备注
			后/m	前/m				
		1	(1)	(3)	(2)	(4)	(5)	(5)=(2)-(4) (10)=(7)-(9)
		2	(6)	(8)	(7)	(9)	(10)	(11)=(1)+(6) (12)=(3)+(8)
			(11)	(12)	(13)	(14)	h平均	(13)=(2)+(7) (14)=(4)+(9)
1	MA|T1	1	46.3	45.0	1531	1325	0206	示例
		2	43.2	44.8	1456	1254	0202	
			89.5	89.8	2987	2579	0204	

| 测站 | 测点 | 测次 | 视距 | | 后视读数 a/mm | 前视读数 b/mm | $h=a-b$/mm | 备　注 |
			后/m	前/m				
		1	(1)	(3)	(2)	(4)	(5)	(5)=(2)-(4)
								(10)=(7)-(9)
		2	(6)	(8)	(7)	(9)	(10)	(11)=(1)+(6)
								(12)=(3)+(8)
			(11)	(12)	(13)	(14)	$h_{平均}$	(13)=(2)+(7)
								(14)=(4)+(9)

实训二　普通水准测量

一、目的与要求

(1)掌握普通水准测量的观测、记录和检核的方法。

(2)掌握水准测量的闭合差调整及求出待定点高程的方法。

二、实训安排

(1)实训安排 2～3 个学时，实训小组由 4 或 5 人组成。

(2)实训设备每组为 DS₃ 型水准仪 1 台，水准尺 2 把，尺垫 2 个，记录板 1 块，测伞 1 把。

(3)实训场地选定一条闭合(或附合)的水准路线，其长度以安置 4～6 个测站为宜，中间设待定点 B、C。

(4)从已知水准点 A 出发，水准测量至 B、C 点，然后再测至 A 点(或另一个水准点)。根据已知点高程(或假定高程)及各测站的观测高差，计算水准路线的高差闭合差，并检查是否超限。对闭合差进行调整，求出待定点 B、C 的高程。

(5)在实训报告中记录、计算，每人上交一份实训报告。

三、实训步骤

场地布置：选一适当场地，在场中选 1 个坚固点作为已知高程点 A(假定为一整数)，选定 B、C 两个坚固点作为待定高程点，进行闭合水准路线测量。由水准点到待定点的距离，以能安置 2 或 3 站仪器为宜。

(1)背离已知点方向为前进方向，在 A、B、C 点间要设若干转点。第 1 站安置水准仪在 A 点与转点 1(拼音缩写 ZD₁、英文缩写 TP₁)之间，前后距离大约相等，其距离不超过 100 m。

(2)操作程序是后视 A 点上的水准尺，精平，用中丝读取后尺读数，记录。前视转点 1 上的水准尺，并精平读数，记录。然后立即计算该站的高差。

(3)迁至第 2 站，继续上述操作程序，直到最后回到 A 点(或另一个已知水准点)。

(4)根据已知点高程及各测站高差，计算水准路线的高差闭合差，并检查高差闭合差是否超限，其限差公式为

$$f_{h容} = \pm 12\sqrt{n}\,(\text{mm})$$

或

$$f_{h容} = \pm 40\sqrt{L}\,(\text{mm})$$

式中　n——测站数；

　　L——水准路线的长度，以 km 为单位。

水准测量水准仪安置与水准尺距离示例如图 1 所示。

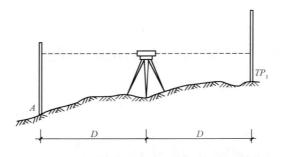

图1　水准测量水准仪安置与水准尺距离示例

（5）若高差闭合差在容许范围内，则对高差闭合差进行调整，计算各待定点的高程。

四、注意事项

（1）在每次读数之前，要消除视差，并使符合水准气泡严格居中。

（2）在已知点和待定点上不能放置尺垫，在转点用尺垫时，水准尺应放在顶点，严格遵照水准测量的操作步骤，严防水准尺和尺垫同时移动，水准尺必须保持竖直，在仪器迁站时，前视点的尺垫不能移动。

（3）要选择好测站和转点的位置，尽量避开人流和车辆的干扰。

（4）尺上读数不宜过大或过小，即读数位置距尺端不宜小于 0.3 m。

（5）在整个实训过程中，观测者一定不能离开仪器，迁站时要先松开制动螺旋，而后将仪器抱在胸前，所有仪器和工具均随人带走。

（6）记录、计算必须在规定的表格中边测、边记、边算，不得重新转抄。记录数据有错时，严禁用橡皮涂改，或"字改字"，或连环涂改。

（7）计算一定要步步校核——高差改正数之和等于负的高差闭合差；改正后的高差之和等于零。推算出的终点高程等于起点高程。

普通水准测量记录见表1。

表1　普通水准测量记录

测站	点号		后视读数/mm	前视读数/mm	高差/mm	平均高差/mm	高程/m	备注
1	后	A	1 546	1 222	+0324	+0324	75.131	已知点
	前	T1	1 525	1 200	+0325		75.455	示例
	后							
	前							
	后							
	前							
Σ								

实训三　微倾式水准仪的检验与校正

一、目的与要求

(1)认识水准仪各轴线之间应该满足的条件。

(2)掌握水准仪的检验与校正的方法。

二、实训安排

(1)实训安排 2 个学时,实训小组由 4 或 5 人组成。

(2)实训设备为每组 DS3 型水准仪 1 台,水准尺 2 把,尺垫 2 个,小改锥 1 把,校正针 1 根,记录板 1 块,测伞 1 把。

(3)实训场地安排在视野开阔、土质坚硬、长度在 60~80 m 的地方。

(4)各组对所领水准仪进行检验校正,记录在实训报告中。实训结束时,每人上交一份实训报告。

三、实训步骤

1. 一般性检验

检查三脚架是否稳固,安置仪器后检查制动和微动螺旋、微倾螺旋、对光螺旋、脚螺旋转动是否灵活,是否有效,记录在实训报告中。

2. 圆水准器的检验与校正

(1)检验方法:先调节脚螺旋使圆水准器气泡居中,然后将望远镜旋转 180°,如果气泡仍然居中,表明圆水准轴平行于竖轴。否则两者不平行,需要校正。

(2)校正方法:先调节脚螺旋,使气泡向中心退回偏离量的一半,再用校正针拨动圆水准器下面的校正螺钉,使气泡退回另一半。重复以上步骤,直至气泡完全居中。

3. 十字丝横丝(中丝)垂直于仪器竖轴的检验与校正

(1)检验方法:用十字丝横丝一端瞄准细小点状目标,转动微动螺旋,使其移至横丝的另一端。若目标始终在横丝上移动,说明此条件满足,否则需要校正。

(2)校正方法:旋下十字丝分划板护罩,用小改锥松开十字丝分划板的固定螺钉,微微转动十字丝分划板,使横丝端点至点状目标的间隔减小一半,再返转到其起始端点。重复上述检验校正,直到无显著误差为止,最后将固定螺钉拧紧。

4. 水准管轴平行于视准轴的检验与校正

(1)检验方法:如图 1 和图 2 所示,在相距 60~80 m 的平坦地面上选择两点 A、B,水准

仪置于 A、B 两点的中间(图 1 位置),用变更仪高法测定 A、B 两点间的高差(两次高差之差 $\leqslant 3$ mm 时,取平均值作为正确高差)。再将水准仪置于距 A 点 $3 \sim 5$ m 处(图 2 位置),精平仪器后读取近尺 A 上的读数 a_2,计算远尺 B 上的正确读数 $b_2(b_2 = a_2 - h)$。再瞄准远尺 B,精平仪器后读取远尺 B 上的读数 b_2',若 $b_2' = b_2$,则表明水准器管轴平行于视准轴。

若 $b_2' \neq b_2$,则由如下公式计算:

$$i = \frac{|b_2 - b_2'|}{D_{AB}} \cdot \rho$$

式中,$\rho = 206\,265''$。

计算 Δb 的容许值,如 Δb 超限,应进行校正。

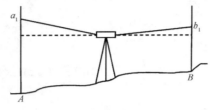

图 1 水准仪的位置(1)

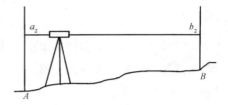

图 2 水准仪的位置(2)

(2)校正方法:调节微倾螺旋,使中横丝对准 B 尺上的应读数 b,此时符合水准气泡不再居中,用校正针拨动水准管端部的上、下两个校正螺钉,将该端升高或降低,使气泡居中。再重复检验校正,直到 $i \leqslant \pm 20''$ 为止。

四、注意事项

(1)要按照实训步骤进行检验,确认检验无误后才能进行校正。

(2)拨动水准管校正螺钉时,要先松后紧,松紧适当,校正工作应反复进行。

(3)需要校正部分,应在教师的指导下进行,不得随意拨动仪器的各个螺钉。

实训四 经纬仪的认识与使用

一、目的与要求

(1)了解 DJ$_6$ 级光学经纬仪的基本构造和各部件的功能。

(2)练习经纬仪对中、整平、瞄准和读数的方法,掌握基本操作要领。

(3)要求对中误差小于 3 mm,整平误差小于一格。

(4)掌握水平角的观测顺序、记录和计算方法。

二、实训安排

(1)实训时数安排 $2 \sim 3$ 个学时,实训小组由 3 或 4 人组成,轮流操作。

（2）实训设备为每组 DJ_6 型光学经纬仪1台，记录板1块，测伞1把。

（3）在指定地点的地面上设立固定的地面点标志，周围布置 A、B 两个目标，供测角用。

三、实训步骤

在地面上选择坚固平坦的地方，用铅笔划一个"十"字线，或打一木桩，桩顶钉一小钉或划十字，小钉或十字线交点作为测站点。

1. 对中整平

（1）三脚架对中。将三脚架安置在地面点上。要求：高度适当（一般使其高度在胸口附近），架头大致水平，大致对中，稳固可靠。伸缩三脚架架腿调整三脚架高度，在架头中心处自由落下一小石头，观其落下点位与地面点的偏差，若偏差在3 cm之内，则实现大致对中。三脚架的架腿尖头尽可能插进土中。

（2）经纬仪对中，即将经纬仪水平度盘的中心安置在测站点的铅垂线上。

1）垂球对中：先将三脚架安置在测站点上，架头大致水平，用垂球概略对中后，踩紧三脚架，从仪器箱中取出经纬仪放在三脚架架头上（不松手），另一手把中心螺旋（在三脚架头内）旋进经纬仪的基座中心孔中，使经纬仪牢固地与三脚架连接在一起。若偏离测站点较多，将三脚架平行移动；若偏离较少，可将连接螺旋松开，在架头上移动仪器使垂球尖准确对准测站点，再将连接螺旋旋紧。

2）光学对中：将仪器安置在测站点上，架头大致水平，三个脚螺旋的高度适中，光学对点器大致在测站点铅垂线上，转动对点器目镜看清十字丝中心圈，再推拉或旋转目镜，使测站点影像清晰，两手转动脚螺旋，同时眼睛在光学对中器目镜中观察分划板标志与地面点的相对位置（不断发生变化），直到分划板标志与地面点重合为止（若中心圈与测站点相距较远，则应平移脚架，再旋转脚螺旋）。

（3）三脚架整平。

1）任选三脚架的两个脚腿，转动照准部使管水准器的管水准轴与所选的两个脚腿地面支点连线平行，升降其中一脚腿使管水准器气泡居中。

2）转动照准部使管水准轴转动90°，升降第三脚腿使管水准器气泡居中。升降脚腿时不能移动脚腿地面支点。升降时左手指抓紧脚腿上半段，大拇指按住脚腿下半段顶面，并在松开箍套旋钮时以大拇指控制脚腿上下半段的相对位置实现渐进的升降，管水准气泡居中时扭紧箍套旋钮。整平时水准器气泡偏离零点少于2或3格。整平工作应重复1或2次。

（4）精确整平。

1）任选两个脚螺旋，转动照准部使管水准轴与所选两个脚螺旋中心连线平行，用左手大拇指法（管水准器气泡在整平中的移动方向与转动脚螺旋左手大拇指运动方向一致）相对转动两个脚螺旋使管水准器气泡居中。

2）转动照准部90°，转动第三脚螺旋使管水准器气泡居中。

重复 1)、2)使水准器气泡精确居中。

3)检查测站点与中心圈是否重合，若有很小偏差则松开连接螺旋，在架头上移动仪器，使其精确对中。

2. 水平度盘的配置

(1)度盘变换钮配置。

1)转动照准部使望远镜瞄准起始方向目标。

2)打开度盘变换钮的盖子(或控制杆)，转动变换钮，同时观察读数窗的度盘读数使之满足规定的要求。

3)关闭度盘变换钮的盖子(或控制杆)。

(2)复测钮配置。复测钮控制着度盘与照准部的关系，复测钮配置度盘的具体方法如下：

1)关复测钮，打开水平制动旋钮转动照准部，同时在观察读数窗的度盘读数使之满足规定的要求。

2)开复测钮，转动照准部照准起始方向，并用水平微动旋钮精确瞄准起始方向。

3)关复测钮，使水平度盘与照准部处于脱离状态。

3. 瞄准目标和度盘读数的方法

(1)瞄准：被瞄准的地面点上应设立观测目标，目标中心在地面点的垂线上。

1)一般瞄准方法：

①正确做好对光工作，先使十字丝像清楚，后使目标像比较清楚。

②大致瞄准，即松开水平、垂直制动螺旋(或制动卡)，按水平角观测要求转动照准部使望远镜的准星对准目标，旋紧制动螺旋(或制动卡)。

③精确瞄准，即转动水平、垂直微动螺旋，使望远镜的十字丝像的中心部位与目标有关部位相符合。

2)水平角测量的精确瞄准：要求目标像与十字丝像靠近中心部分的纵丝相符合；如果目标像比较粗，则用十字丝的单纵丝平分目标；如果目标像比十字丝的双纵丝细，则目标像平分双纵丝。

(2)读数：在经纬仪瞄准目标之后从读数窗中读水平方向值。读数时应注意：

1)读数窗的视场明亮度好。如果明亮度差，则应调整采光镜，让更多的光进入光学系统，使读数窗视场清晰。

2)按不同的角度测微方式读数，精确到测微窗分划的 0.1 格。如按分微尺测微方式读数，直接从读数窗读度数和分微尺上的分，估读到 $0.1'$。

3)在观测中，读数与记录"有呼有应，有错即纠"，即记录者对读数回报无误后再记；纠正记错的原则是"只能划改，不能涂改"。划改，即将错的数字划上一斜杠，在错字附近写上正确数字。

4)最后的读数值应化为度、分、秒的单位。

四、注意事项

(1)严禁"先安置仪器,再根据垂球尖所指画十字线"的对中方法。

(2)在三脚架头上移动经纬仪准确对中后,切不可忘记将连接螺旋扭紧。

(3)瞄准目标时,要尽可能瞄准目标底部,目标较粗时,用双丝夹;目标较细时,用单丝平分。

(4)读数时,认清平盘读数窗,注意正确估读到秒。

(5)离合器扳手扳下时,度盘锁紧;扳手扳上时,度盘松开。

实训五　测回法观测水平角

一、目的与要求

(1)掌握测回法观测水平角的观测与计算方法。

(2)进一步熟悉经纬仪的操作。

(3)每人对同一角度观测一个测回,两个半测回的较差不超过$\pm 40''$。

二、实训安排

(1)实训安排 2～3 个学时,每 3 人一组,每人测一个测回。

(2)DJ_6 级经纬仪 1 台,测钎(或花杆)3 根,记录板 1 块。

三、实训步骤

(1)在一个指定的点上安置经纬仪,进行对中和整平。

(2)选择两个通视良好的点,插上测钎或花杆作为观测目标,按图 1 的方法观测。

图 1　示例

(3)在 2 号点上安置经纬仪,对中整平。

盘左:瞄准 1 号点,打开水平度盘手轮护盖,拨动之,使水平度盘读数为$0°0\times'\times\times''$(尽量不为 0,比 0 稍大一点),盖好护盖,读水平度盘读数并记录在"测回法水平角观测手簿",

顺时针再瞄准 3 号点，读水平度盘读数并记录下来，计算半测回角值。

（4）盘右：沿横轴纵转望远镜 180°，转动照准部使仪器处于盘右位置；先瞄准 3 号点目标，读取水平度盘读数并记录，逆时针旋转照准部，再瞄准 1 号点目标，读取水平度盘读数并记录，计算半测回角值。

上述步骤（3）、（4）过程为一测回。分别计算的盘左和盘右的半测回角值之差值应小于 ±40″，超限就重测，直到满足精度要求，方可进行下一站的观测。

（5）成果校核，盘左盘右两个半测回的校差不超过 ±40″ 时，取两个半测回的平均值作为一测回的角值。

（6）当进行 n 个测回的观测时，需将盘左起始方向的读数按 180°/n 进行度盘的配置。

四、注意事项

（1）如果度盘变换器为复测式，在配置度盘时，先转动照准部，使读数为配置度数，将复测扳手扳下，再瞄准起始目标，将扳手扳上；如果为拨盘式，则先瞄准起始目标，再拨动度盘变换器，使读数为配置度数。

（2）在观测过程中，若发现气泡移动一格，应重新整平重测该测回。

（3）每人独立观测一个测回，测回间应改变水平度盘位置。

测回法观测水平角记录见表 1。

表 1　测回法观测水平角记录

测站	盘位	目标	水平度盘 水平方向值读数 /(° ′ ″)	水平角 半测回值 /(° ′ ″)	水平角 一测回值 /(° ′ ″)	备注
11	盘左	10	0　00　18	49　49　54	49　49　42	$\Delta\alpha = \alpha_左 - \alpha_右 = 24''$ $\Delta\alpha_容 = 36''$
		12	49　50　12			
	盘右	10	0　00　48	49　49　30		
		12	229　50　18			
12	盘左					
	盘右					
13	盘左					
	盘右					

实训六　全圆方向法观测水平角

一、目的与要求

(1)掌握用全圆方向法观测水平角的操作顺序及记录和计算的方法。

(2)弄清归零、归零差、归零方向值、$2C$ 值的定义以及各项限差的规定。

(3)本次实训要求的限差为:每半测回归零差不超过 $18''$;$2C$ 的互差不超过 $40''$;同一方向值各测回的较差不超过 $24''$。

二、实训安排

(1)实训安排 2～3 个学时,每 3 人一组,每人测一个测回。

(2)DJ$_6$ 级经纬仪 1 台 ,测钎(或花杆)4 根,记录板 1 块。

三、实训步骤

(1)如图 1 所示,在 O 点安置经纬仪,对中,整平。选择 A、B、C、D 四个目标。

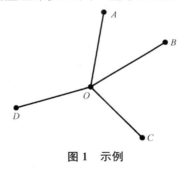

图 1　示例

(2)盘左,瞄准起始方向 A,制动,用度盘变换手轮将平盘读数配置在 $0°00'10''$ 左右,弹出度盘变换手轮盖,读取平盘读数 a 记入表格中,顺时针旋转。

(3)照准部依次瞄准 B、C、D 各方向读取平盘读数记入表格中。当观测目标超过三个时,需检查观测过程中度盘是否变动,最后再观测起始方向 A,读取平盘读数 a',称为"归零",a 与 a' 之差即为"归零差"。

(4)盘右,先瞄准起始方向 A,读取平盘读数记入表格中,再逆时针旋转照准部,依次瞄准 D、C、B 各方向,读取平盘读数记入表格中,最后"归零",即回到起始方向 A。此为一测回观测。

(5)为消除度盘刻划不均匀造成的影响,在进行 n 测回观测时,将盘左起始方向的度盘读数按 $\dfrac{180°}{n}$ 进行变换。

(6)表格的计算参看教材。

四、注意事项

(1)应选择远近适中，易于瞄准的清晰目标作为起始方向。

(2)每人应独立观测一个测回，测回间应变换水平度盘位置。

(3)盘左读数在记录表中是从上往下记录读数，盘右时是从下而上记录读数，不要记错。

(4)测角过程中一定要边测、边记、边算，切忌测完后再算。

实训七　竖直角观测及竖直指标差的检验与校正

一、目的与要求

(1)熟悉经纬仪竖盘部分的构造。

(2)掌握竖直角观测、记录、计算方法。

(3)掌握竖盘指标差的计算和检验与校正方法。

(4)限差要求：同一目标各测回垂直角互差在 $\pm 25''$ 之内。

二、实训安排

(1)实训安排 2 个学时，实训小组由 3 人或 4 人组成。

(2)实训设备为每组 DJ$_6$ 级光学经纬仪 1 台，校正针 1 根，记录板 1 块，测伞 1 把。

(3)实训场地周围有 4 个以上高目标。

三、实训步骤

1. 竖直角观测

(1)在实训场地安置经纬仪，进行对中、整平，每人选一个目标。以盘左位置使望远镜实现大致水平，看竖盘指标所指的读数是 90°还是 0°，以确定盘左时的竖盘起始读数。转动望远镜，观察竖盘读数的变化规律。写出竖直角及竖盘指标差的计算公式。

(2)盘左，瞄准目标，望远镜视场目标顶端与十字丝的中横丝相切，或目标像的顶面平分十字丝像的双横丝，或十字丝的单横丝平分目标像的中间位置。转动竖盘指标水准管微动螺旋，使指标水准管气泡居中，读取竖盘读数 L，计算竖直角 $\alpha_{左}$，记录。

(3)盘右，同法观测读取竖盘读数 R，计算竖直角值 $\alpha_{右}$，记录。

(4)计算一测回竖盘指标差及竖直角平均值。其公式为

竖直角公式 $$\alpha = \frac{1}{2}(\alpha_{左} + \alpha_{右})$$

竖盘指标差 $X=\dfrac{1}{2}(\alpha_右+\alpha_左)$ 或 $X=\dfrac{1}{2}(\alpha_左+\alpha_右-360°)$

2. 竖盘指标差的检验与校正

(1)检验方法:对一大致水平的目标,盘左、盘右观测,计算指标差 x。若 $x>30''$,则需要校正。

(2)校正方法:仪器位置不动,仍以盘右瞄准原目标,计算盘右正确的竖盘读数为 $R'=R-x$。转动指标水准管微动螺旋,使竖盘读数为 R',此时气泡偏离一端,用校正针拨动指标水准管校正螺钉,先松一个后紧一个,使指标水准管气泡居中。如此反复检验,直到满足要求为止。

四、注意事项

(1)每次读数前应使指标水准管气泡居中。观测过程中,对同一目标应用十字丝中横丝切准同一部位。

(2)计算竖直角和指标差时,应注意正、负号。

(3)x 及 Δx 的限差:一般来说,经纬仪的 x 不要太大,$x\leqslant30''$。Δx 称为指标差之差。观测竖直角对 Δx 有严格的要求,如 DJ$_2$ 级经纬仪 $\Delta x\leqslant15''$,DJ6 经纬仪 $\Delta x\leqslant25''$(低等级)。

竖直角测量的记录与计算

测站及仪器高	测回	目标及高度	盘 左观测值 /(° ′ ″)	盘 右观测值 /(° ′ ″)	指标差 /(″)	竖直角 /(° ′ ″)	竖直角平均值 /(° ′ ″)
	1	A	90 30 12	269 29 48	−30	−0 30 12	−0 30 10
O 1.473 m	2	2.475 m	90 30 08	269 29 52	−30	−0 30 08	
	1	B	73 43 00	286 16 12	−24	16 17 00	16 16 57
	2	2.385 m	73 43 06	286 16 06	−24	16 16 54	

实训八　DJ₂级光学经纬仪的使用

一、目的与要求

(1)了解 DJ_2 级光学经纬仪的基本构造和各部件的功能。

(2)掌握 DJ_2 级光学经纬仪的基本操作要领和读数的方法。

二、实训安排

(1)实训安排 2～3 学时，实训小组由 3 或 4 人组成，轮流操作。

(2)实训设备为每组 DJ_2 级光学经纬仪 1 台，记录板 1 块，测伞 1 把。

(3)在指定地点的地面上设立固定的地面点标志，周围布置 A、B 两个目标，供测角用。

三、实训步骤

在地面上选择坚固平坦的地方，用铅笔画一个"十"字线，或打一木桩，桩顶钉一小钉或画十字，小钉或十字线交点作为测站点，仪器安置方法与 DJ_6 级光学经纬仪的一样。

1. DJ2 级光学经纬仪读数设备的特点

(1)为了消除照准部偏心的影响，提高读数精度，采用符合读数的方法。使用时旋转测微手轮使对径分划线重合。

(2)在读数显微镜内只能看到水平度盘或竖盘读数的一种影像，通过度盘光路转换钮，分别看到它们的像。

(3)为了简化操作程序，提高观测精度，现代 DJ_2 级光学经纬仪都采用竖盘指标自动归零补偿器代替竖盘管水准器。

2. 水平度盘的读数

在测站上安置好仪器，完成对中整平工作，瞄准目标后，水平度盘读数方法如下：

(1)旋转光路转换钮，使轮上指示线处于水平位置。

(2)打开水平反光镜，使读数镜内亮度适当。

(3)调节读数目镜，使读数的分划线清晰。

(4)旋转测微手轮，使上、下度盘影像做相对运动，以至达到上、下度盘刻划影像完全对齐——精确符合。

(5)读度盘读数和测微器读数，合起来得度、分、秒完整的读数。

3. 竖盘读数方法

竖盘读数方法与水平盘读数基本一致，有两点区别：

(1)旋转换像手轮时,使轮上的指示线处于竖直位置。

(2)在读数前要旋转锁紧手轮,打开补偿器开关,使补偿器处于工作状态。

水平角、竖直角观测方法和步骤与 DJ_6 级光学经纬仪的测角方法和步骤相同,不同的只是两者的读数方式不同。

实训九　经纬仪的检验与校正

一、目的与要求

(1)弄清经纬仪主要轴线之间应满足的几何条件。

(2)掌握 DJ_6 级光学经纬仪检验和校正的基本方法。

二、实训安排

(1)实训时数安排 2～3 个学时,实训小组由 2～4 人组成,轮换操作。

(2)每组 DJ_6 级光学经纬仪 1 台,记录板 1 块,测伞 1 把,校正针 1 根,小螺钉刀 1 把。

(3)场地安排在长 100 m 左右的地方,并有高 12 m 左右的建筑物。

(4)每组对所领经纬仪进行检验校正,记入实训报告。结束时,每人上交一份实训报告。

三、实训步骤

1. 一般性检验

检验项目见表 1。

表 1　检验项目

检 验 项 目
三脚架是否牢固
脚螺旋是否有效
水平制动与微动螺旋是否有效
望远镜制动与微动螺旋是否有效
照准部转动是否灵活
望远镜转动是否灵活
望远镜成像是否清晰

2. 照准部水准管轴垂直于仪器竖轴的检验与校正

(1)检验方法。

1)将经纬仪严格整平。

2)转动照准部,使水准管与三个脚螺旋中的任意一对平行,转动脚螺旋使气泡严格居中。

3)将照准部旋转180°,使水准管平行于一对脚螺旋,此时,如果气泡仍居中,说明该条件能满足。若气泡偏离中央零点位置,则需要进行校正。

(2)校正方法。先旋转这一对脚螺旋,使气泡向中央零点位置移动偏离格数的一半,然后用校正针拨动水准管一端的校正螺钉,使气泡居中。如此反复进行数次,直到气泡居中后,再转动照准部,使其转动180°时,气泡的偏离在半格以内,可不再校正。

3. 十字丝竖丝垂直于横轴的检验与校正

检验方法:用十字丝竖丝一端瞄准细小点状目标转动望远镜微动螺旋,使其移至竖丝另一端,若目标点始终在竖丝上移动,说明此条件满足,否则需要校正。

校正方法:旋下十字丝分划板护罩,用小改锥松开十字丝分划板的固定螺钉,微微转动十字丝分划板,使竖丝端点至点状目标的间隔减小一半,再返转到起始端点。重复上述检验校正,直到无显著误差为止,最后将固定螺钉拧紧。

4. 视准轴垂直于横轴的检验与校正

(1)方法一,盘左盘右的读数法。

1)检验方法。

①选与视准轴大致处于同一水平线上的一点作为照准目标,安置好仪器后,盘左位置照准此目标并读取水平度盘读数,记作$\alpha_左$。

②再以盘右位置照准此目标,读取水平度盘读数,记作$\alpha_右$。

③如果$\alpha_左 = \alpha_右 \pm 180°$,则此项条件满足。如果$\alpha_左 \neq \alpha_右 \pm 180°$,则说明视准轴与仪器横轴不垂直,存在视准差$C$,应进行校正。

$$C = \frac{1}{2}[\alpha_左 - (\alpha_右 \pm 180°)] \quad 或 \quad 2C = \alpha_左 - (\alpha_左 \pm 180°)$$

2)校正方法。

①仪器仍处于盘右位置不动,以盘右位置读数为准,计算两次读数的平均值α作为正确读数,即

$$\alpha = \frac{\alpha_左 + (\alpha_右 \pm 180°)}{2}$$

或用$\alpha = \alpha_左 - C$、$\alpha = \alpha_右 + C$计算α的正确读数。

②转动照准部微动螺旋,使水平盘指标在正确读数α上,这时,十字丝交点偏离了原目标。

③旋下望远镜目镜的十字丝护罩,松开十字丝环上、下校正螺钉,拨动十字丝环左右两个校正螺钉[先松开左(右)边的校正螺钉,再紧右(左)边的校正螺钉],使十字丝交点回到原目标,即使视轴与仪器横轴相垂直。

④调整完毕务必拧紧十字丝环上、下两校正螺钉,旋上望远镜目镜护罩。

(2)方法二,横尺方法(四分之一法)。

检验方法：在平坦场地选择相距 100 m 的 A、B 两点，仪器安置在两点中间的 O 点，在 A 点设置和经纬仪同高的点标志(或在墙上设同高的点标志)，在 B 点设一根水平尺，该尺与仪器同高且与 OB 垂直。检验时用盘左瞄准 A 点标志，固定照准部，倒转望远镜，在 B 点尺上定出 B_1 点的读数，再用盘右同法定出 B_2 点读数。若 B_1 与 B_2 重合，说明此条件满足，否则需要校正。

校正方法：如图 1 所示，在 B_1、B_2 点间 1/4 处定出 B_3 读数，使 $B_3 = B_2 - \frac{1}{4}(B_2 - B_1)$。拨动十字丝左、右校正螺旋，使十字丝交点与 B_3 点重合。如此反复检校，直到 $B_1 B_2 \leqslant 2$ cm 为止。最后旋上十字丝分划板护罩。

5. 横轴垂直于竖轴的检验

如图 2 所示，在离建筑物 10 m 处安置仪器，盘左瞄准墙上高目标点标志 M(垂直角大于 30°)，将望远镜放平，十字丝交点投在墙上定出 m_1 点。盘右瞄准 M 点同法定出 m_2 点。若 m_1、m_2 点重合，则说明横轴垂直于竖轴，若 $m_1 m_2 > 5$ mm，则需要校正。由于仪器横轴是密封的，则该项校正应由专业维修人员进行。

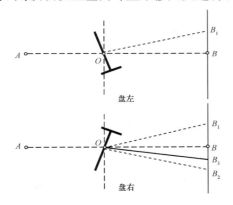

图 1 视准轴垂直于横轴的校正

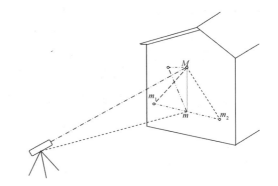

图 2 横轴垂直于竖轴的检验

四、注意事项

(1)按实训步骤进行检验、校正，顺序不能颠倒。

(2)需要校正部分应在教师指导下进行，不得随意拨动仪器的各个螺钉；校正结束后，各校正螺钉应处于稍紧状态。

实训十 距离丈量及直线定向

一、目的与要求

(1)掌握用花杆定直线的方法。

(2)掌握用钢尺丈量的一般方法的基本要领和具体操作步骤。

(3)熟悉罗盘仪的使用及测定所量直线的磁方位角的方法。

(4)精度要求：往返测距离的相对误差 $K \leqslant 1/2\,000$；正、反磁方位角之差不大于 $30'$。

二、实训安排

(1)实训安排 2 个学时，实训小组由 3 或 4 人组成，轮流操作。

(2)钢尺（或皮尺）1 把，花杆 3 根，测钎 3～5 根，罗盘仪 1 台，记录板 1 块，自备铅笔。

三、实训步骤

在较平坦的地面上标定出相距大约 100 m 的 A、B 两点，分别做好标志并各竖立 1 根花杆。

1. 距离丈量

(1)直线定线。在距起点等于或小于一个整尺段的地方竖立第三根花杆，用目估法指挥左右移动这根花杆，使之与起点和终点的花杆在同一条直线上，然后在花杆所在位置插一根测钎。

(2)量距。水平拉紧钢尺，使一端读数为 0，读出另一端的读数并记录下来，此为第一段量距。

(3)重复上述(2)、(3)步操作，进行其他各段的量距工作，直至终点为止，此为"往测"。

(4)完成往测后，用同样的方法从终点开始往始点量距，此为"返测"。

(5)计算。

1)把往测中各段距离相加得到往测距离 $D_{往}$，把返测中各段距离相加得到返测距离 $D_{返}$。

2)用如下公式求往返测的平均距离：

$$D_{平} = (D_{往} + D_{返})/2$$

3)用如下公式求量距相对精度：

$$K = (D_{往} - D_{返})/D_{平}$$

2. 直线定向

(1)在直线的一端点 A 置平罗盘仪瞄准直线的另一端点 B 的花杆。

(2)旋松磁针杠杆，使磁针自动指示磁南北方向。

(3)当磁针静止时，按磁针北端所指刻划读取 AB 的磁方位角 α_{AB} 之值。

(4)在直线端点 B 上置平仪器后，瞄准直线端点 A 的花杆。

(5)重复(2)、(3)得出 BA 边的磁方位角 α_{BA} 之值。

(6)正、反磁方位角之差小于规定值 $30'$ 时，取正反磁方位角的平均值为最后结果。

四、注意事项

(1)注意钢尺零点和终点的位置，以及 m、dm 的注记，以防读错。

(2)钢尺应注意拉平,拉力应相等;量距相对精度应≤1/2 000,否则要重测(往测或返测)。

(3)切勿在高压线下面或铁质物体旁使用罗盘仪,观测时手锤等铁质物体勿靠近仪器。

实训十一 全站仪光电导线测量

一、目的与要求

(1)熟练掌握全站仪测角方法。

(2)熟练掌握全站仪测边方法。

(3)熟练掌握全站仪光电导线测量方法。

二、实训安排

(1)实训安排 3 个学时,实训小组由 4 或 5 人组成。

(2)实训设备每组为南方 NTS—302R$^+$ 全站仪 1 台、棱镜 2 个、脚架 3 个、基座 2 个。

三、实训步骤

1. 导线点位的选择

(1)相邻点间通视良好,地势较平坦,便于测角和量距。

(2)点位应选在土质坚实处,便于保存标志和安置仪器。

(3)视野开阔,便于施测碎部。

(4)导线各边的长度应大致相等,除特殊情形外,应不大于 350 m,也不宜小于 50 m。

(5)导线点应有足够的密度,分布较均匀,便于控制整个测区。

2. 测角

在选定的 3 个导线控制点中的其中一点上安置全站仪,在其相邻的导线点上安置棱镜基座,按以下方法观测(以图 1 为例)。

在 2 号点上安置全站仪,对中整平。盘左瞄准 1 号点,打开水平度盘手轮护盖,拨动之,使水平度盘读数为 0°0×$'$××$''$(尽量不为 0,比 0 稍大一点),读水平度盘

图 1 示例

读数并记录。再瞄准 3 号点,读水平度盘读数并记录下来。然后盘右分别瞄准 3 号点和 1 号点,读数并记录。

上述过程为一测回。分别计算盘左和盘右的半测回角值,差值应小于 ±40$''$,超限就重测,直到满足精度要求,方可进行下一站的观测。

3. 测距

在测角的同时，按测距键，并记录水平距离 HD。

导线测量观测记录表见表 1。

表 1 导线测量观测记录表

班别：　　　　组号：　　　　观测者：　　　　记录者：　　　　日期：

测站点号	竖盘位置	目标点号	水平度盘读数 /(° ′ ″)	半测回角值 /(° ′ ″)	一测回角值 /(° ′ ″)	边名	边长 HD /m
2	左	1	0　00　00	60　21　30		2—1	100.256
		3	60　21　30		60　21　28		
	右	1	180　00　06	60　21　26		2—3	120.888
		3	240　21　32				

四、注意事项

（1）仪器和棱镜均要严格对中整平。

（2）测量时不使用对讲机、手机等通信工具。

（3）要正确设置仪器的棱镜常数，记录时的水平距离为 HD。

实训十二　四等水准测量

一、目的与要求

（1）掌握四等水准测量的观测、记录和计算方法。

(2)掌握四等水准测量的主要技术指标、测站及水准路线的检验方法。

(3)掌握水准测量的闭合差调整及求出待定点的高程。

二、实训安排

(1)实训安排 3 个学时,实训小组由 4 或 5 人组成。

(2)实训设备每组为 DS$_3$ 水准仪一台,水准尺 2 把,尺垫 2 个,记录板 1 块,测伞 1 把。

(3)实训场地选择一条闭合水准路线,中间设置三个坚固点 A、B、C 作为水准点,以 A 点为已知高程点假定高程为 110.000 m。由 A 点出发,测定 B、C 点高程,并测回到 A 点,组成闭合水准路线。对闭合差进行调整,求出待定点高程。

三、实训步骤

(1)从已知点 A 出发,固定点 A、B、C,中间设置若干个转点。

(2)在起点与第一个待定点分别立尺,然后在两立尺点之间设站,安置好水准仪后,按以下顺序进行观测:

1)照准后视尺黑面,进行调焦、消除视差;精确整平(水准气泡影像符合)后,分别读取上、下丝读数和中丝读数,分别记入记录表(1)、(2)、(3)顺序栏内。

2)照准前视尺黑面,消除视差并精确整平后,读取上、下丝和中丝读数,分别记入记录表(4)、(5)、(6)顺序栏内。

3)照准前视尺红面,消除视差并精确整平后,读取中丝读数,记入记录表(7)顺序栏内。

4)照准后视尺红面,消除视差并精确整平后,读取中丝读数,记入记录表(8)顺序栏内。

这种观测顺序简称为"后—前—前—后",目的是减弱仪器下沉对观测结果的影响。

(3)测站的检核计算。

1)计算同一水准尺黑、红面分划读数差(即黑面中丝读数+K-红面中丝读数,其值应≤3 mm),填入记录表(9)、(10)顺序栏内,计算公式为

$$(9)=(6)+K-(7)$$
$$(10)=(3)+K-(8)$$

2)计算黑、红面分划所测高差之差,填入记录表(11)、(12)、(13)顺序栏内,计算公式为

$$(11)=(3)-(6)$$
$$(12)=(8)-(7)$$
$$(13)=(10)-(9)$$

3)计算高差中数,填入记录表(14)顺序栏内,计算公式为

$$(14)=[(11)+(12)\pm0.100]/2$$

4)计算前后视距(即上、下丝读数差×100,单位为 m),填入记录表(15)、(16)顺序栏内,计算公式为

$$(15)=(1)-(2)$$
$$(16)=(4)-(5)$$

5)计算前后视距差(其值应≤5 m),填入记录表(17)顺序栏内,计算公式为
$$(17)=(15)-(16)$$

6)计算前后视距累积差(其值应≤10 m),填入记录表(18)顺序栏内,计算公式为
$$(18)=上(18)-本(17)$$

(4)用同样的方法依次施测其他各站。

(5)各站观测和验算完后进行路线总验算,以衡量观测精度。其验算方法如下:

当测站总数为偶数时:$\sum(11)+\sum(12)=2\sum(14)$

当测站总数为奇数时:$\sum(11)+\sum(12)=2\sum(14)\pm0.100$ m

末站视距累积差:末站$(18)=\sum(15)-\sum(16)$

水准路线总长:$L=\sum(15)+\sum(16)$

高差闭合差:$f_h=\sum(14)$

高差闭合差的允许值:$f_{h允}=\pm20\sqrt{L}$ 或 $f_{h允}=\pm6\sqrt{N}$,单位是 mm,式中 L 为以 km 为单位的水准路线长度;N 为该路线总的测站数。如果计算结果是 $f_h<f_{h允}$,则可以进行高差闭合差调整;若 $f_h>f_{h允}$,则应立即重测该闭合路线。

小结:

1. 每测站观测程序

(1)后视黑面尺,长水准器气泡居中,读中、上、下丝读数。

(2)前视黑面尺,长水准器气泡居中,读中、上、下丝读数。

(3)前视红面尺,长水准器气泡居中,读中丝读数。

(4)后视红面尺,长水准器气泡居中,读中丝读数。

2. 计算和校核计算要求

(1)视线长≤100 m。

(2)前、后视距差 $d\leq\pm5$ m。

(3)红、黑面读数差≤±3 mm。

(4)$h_黑-h_红\leq\pm5$ mm。

(5)视距差累计值 $\sum d\leq\pm10$ m。

四、注意事项

(1)每测站观测完毕,要立即进行计算和校核,符合要求后方可搬站。否则,需要重测。

(2)注意分清上、下视距丝和中丝读数,并记入记录表相应的顺序栏内。

(3)本站的 $\sum d$ 接近 10 m 时,下一站要调整前、后视距,使之减少,但一次不超过 5 m。

(4)四等水准测量作业的集体性很强,全组人员一定要相互合作,密切配合,相互体谅。

双面尺法四等水准测量观测记录表见表1。

表1 双面尺法四等水准测量观测记录表

测站编号	后尺 下丝 上丝	前尺 下丝 上丝	方向及尺号	标尺读数/mm 黑面	标尺读数/mm 红纲	K+黑一红/mm	高差中数/mm	备注
	后距/m	前距/m						
	视距差 d	$\sum d$						
	(1)	(4)	后	(3)	(8)	(10)		
	(2)	(5)	前	(6)	(7)	(9)		
	(15)	(16)	后一前	(11)	(12)	(13)	(14)	
	(17)	(18)						
1	1 471	0639	后点 A	1 284	6 071	0		起点 A 终点 B 测点 1、2、3、4、5
	1 097	0263	前点 1	0451	5 139	−1		
	37.4	37.6	后一前	+0833	+0932	+1	+0.832 5	
	−0.2	−0.2						
2	2 021	2 096	后点 1	1 834	6 521	0		
	1 647	1 721	前点 2	1 908	6 696	−1		
	37.4	37.5	后一前	−0074	−0175	+1	+0.074 5	
	−0.1	−0.3						
3	1 814	1 955	后点 2	1 626	6 413	0		
	1 439	1 578	前点 3	1 766	6 454	−1		
	37.5	37.7	后一前	−0140	−0041	+1	−0.140 5	
	−0.2	−0.5						

实训十三　经纬仪极坐标法放样点位

一、目的与要求

掌握经纬仪极坐标法放样点位。

二、实训安排

(1)实训安排 2 个学时，实训小组由 4 或 5 人组成。

(2)实训设备每组为 DJ$_6$ 级经纬仪 1 台，钢尺 1 把，计算器、粉笔等。

(3)实训场地在校园内。

三、实训步骤

(1)放样数据的准备。已知 A、B，可在校园内任意定出 B 点，然后丈量 S_{AB} 定出 A，作为假定控制点，放样点 P，计算求得放样数据 β、S。

(2)仪器设于 A 点，对中、整平，然后瞄准 B 点。

(3)水平度盘瞄准 B 时配角度 $0°00'00''$（或配方位角 α_{AB}）。

(4)顺时针拨角 β，此时的度盘为 β 值（或 α_{AP} 值），并固定水平制动。

(5)在视线方向量距 S 即得放样点 P（量距时做两次，分别为水平丈量 S 和倾斜丈量 S'）。

(6)两种方法各放样一次。

实训十四　直角坐标法放样点位

一、目的与要求

掌握直角坐标法放样点位。

二、实训安排

(1)实训安排 2 个学时，实训小组由 4 或 5 人组成。

(2)实训设备每组为 DJ$_6$ 经纬仪 1 台，钢尺 1 把，计算器自备。

(3)实训场地在校园内。

三、实训步骤

(1)已知点和放样数据。现场用钢尺量 S_{AB}，并定出 A、B 两点。计算出 S_{A1}、S_{P1} 长度（平距）。

（2）仪器量于 A 点，以 B 点定向，在视线方向上量平距 S_{A1} 得 1 点。

（3）仪器迁至 1 点，对中整平后以 A 点定向，度盘配 $0°00'00''$，拨角 $90°$，在视线方向上量距 S_{P1} 即得 P 点。

（4）用其他方法检查 P 点正确与否。

实训十五　建筑物轴线放样

一、目的与要求

掌握建筑物轴线放样方法及龙门板设置。

二、实训安排

（1）实训安排 2 个学时，实训小组由 4 或 5 人组成。

（2）实训设备每组为 DJ_6 经纬仪 1 台，钢尺 1 把，塔尺 1 把，自备木桩若干、木板若干、铁钉若干。

（3）实训场地在校园内。

三、实训步骤

（1）用置镜法使仪器安于边线 AB、CD 上。

（2）从现有楼边量距 5 m、15 m 分别定出建筑物的四个轴线点 Ⅰ、Ⅱ、Ⅲ、Ⅳ。

（3）经纬仪置于 Ⅰ 点，以 Ⅳ 定向，分别在视线方向、垂直方向上量距 4 m 定出引桩 a、b、c。

（4）仪器置于 a，以轴线定向，转 $90°$ 测设龙门桩。

（5）仪器置于 b、c，以轴线定向，转 $90°$ 测设龙门桩。

（6）经纬仪竖盘置于 $90°00'00''$，抄平龙门桩，并钉上木板，即为龙门板。

（7）拉线使建筑轴线投到龙门板上，以铁钉表示。

实训十六　全站仪坐标放样

一、目的与要求

（1）掌握坐标放样数据计算方法。

（2）掌握全站仪放样坐标的方法。

二、实训安排

(1)实训安排 2 个学时，实训小组由 4 或 5 人组成。

(2)实训设备每组为南方 NTS—302R$^+$ 全站仪 1 台、棱镜 1 个、脚架 1 个，棱镜杆 1 个，计算器 1 个。

三、实训步骤

1. 无建站放样

需要在放样时把仪器的方向设置成与地理方位一致，并提供仪器站点到放样点的坐标方位角、水平距离。

操作步骤如下：测距模式→F4 下一页→F2 放样→F1 平距→输入平距 F1→F4 回车→按测距键→显示相关数据。

2. 需建站放样

(1)建立文件名并输入已知点坐标：MENU→F3 内存管理→F4 下一页→F1 输入坐标→选择文件，F1 输入(F2 调用)文件→F4 回车→输入坐标值，F1 输入点名、坐标值→ESC 退出→ESC。

(2)按放样键 S.O→F1 输入文件名(F2 调用，F3 跳过) →F4 回车→F1 输入测站点→F1 输入点名→F4 是→F1 输入仪高→F4 回车，返回放样模式→F2 输入后视点→F1 输入点名→F4 是→照准后视点无误后，F4 是，返回放样模式→F3 输入放样点名→F3 输入坐标→F1 输入 XYZ、镜高→F4 二次→转动仪器使 dHR 为 0，制动→F2 距离→移动棱镜使 dD 也为 0→F4 换点放样。

四、注意事项

(1)如采用边长距离法放样，必须保证放样数据计算的正确性。

(2)点位放样误差应控制在 3 cm 内。

实训十七　动态 GPS(RTK)放样

一、目的与要求

(1)掌握 RTK 测量作业的一般过程。

(2)掌握 RTK 放样点坐标的方法。

二、实训安排

(1)实训安排 2 个学时，实训小组由 4 或 5 人组成。

(2)实训设备每组为南方基准站 GPS 1 台、电台 1 个、天线 1 个、手簿 1 个、移动 GPS 1 个、脚架 2 个、大功率电瓶 1 个。

三、实训步骤

(1)基准站的设置：设为基准站模式。

(2)电台设置：选定一个电台频道。

(3)测区参数的求算(引用)：如有测区参数，则直接引用；如没有，则应现场求定测区参数。

(4)RTK 仪器的校正：校正坐标、高程至少两个点，误差在 2 cm 以内。

(5)放样：测量→点"放样"→放样点坐标库→增加→输入点名坐标高程→OK→选中放样点→确定→移动放样杆，当为固定解时，使指针完全重合即可。

示例如图 1、图 2 所示。

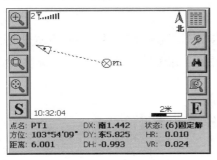 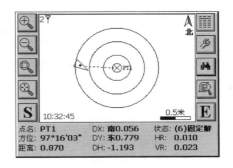

图 1　示例(1)　　　　　　　　图 2　示例(2)

四、注意事项

(1)放样时 GPS 状态为固定解。

(2)平面精度 HR、高程精度 VR 均应在 3 cm 以内，卫星分布的 PDOP 小于 5。

实训十八　建筑场地平整测量

一、目的与要求

掌握水准仪平整场地的方法。

二、实训安排

(1)实训安排 2 个学时，实训小组由 4 或 5 人组成。

（2）实训设备每组为 DS$_3$ 水准仪 1 台，水准尺 1 把，自备木桩若干。

（3）实训场地在校园内。

三、实训步骤

（1）选取一个合适的草地作为平整对象，并按 10 m×10 m 方格网布点（钉上木桩）。

（2）在地面上架设水准仪，整平，假定已知标高为教学楼一楼地面，高程为"±0"，立水准尺，读数为 a。

（3）平整场地标高为 −20 cm：在各木桩立尺，观测者指挥立尺者上下移动，使读数为 $b=$（±0＋a）−（−20）＝a＋20，用笔沿尺底在木桩侧面画一横线，即为设计高程的位置。

（4）若不能直接做记号，则应把尺子立于桩顶，读取读数 b'，在木桩侧注明向上填"＋"（$b'+b$）或向下"−"（$b'-b$）。

四、注意事项

（1）在放样点上立尺时，标尺要紧贴木桩侧面，水准仪瞄准标尺时，要使其贴着木桩上下移动。

（2）测设完毕要进行检测，测设误差超限时应重测，并做好记录。

实训十九　圆曲线主点放样

一、目的与要求

掌握圆曲线主点计算及放样方法。

二、实训安排

（1）实训安排 2 个学时，实训小组由 4 或 5 人组成。

（2）实训设备每组为 DJ$_2$ 经纬仪 1 台，钢尺 1 把，计算器、粉笔等。

（3）实训场地在校园内。

三、实训步骤

（1）圆曲线放样数据及计算。

已知：R＝200 m，α＝60°00′。

放样参数计算：

$$T=\tan\frac{\alpha}{2}\times R,\ L=\frac{\pi R}{180°}\times\alpha,\ E=R(\sec\frac{\alpha}{2}-1),\ q=2T-L。$$

（2）实验地点假定 JD_1 点及 JD_1—ZD_1 方向，如图 1 所示。

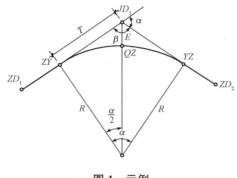

图 1 示例

(3)经纬仪置于 JD_1，瞄准 ZD_1 度盘配 $0°00'00''$ 在视线方向上量距 T 得 ZY 点。

(4)拨角 $180°+\alpha$，在视线方向上量距 T 得 YZ 点。

(5)拨角 $360°-(180°-\alpha)/2$，在视线方向量 E 得 QZ 点。

(6)检核 ZY、QZ、YZ 点放样精度：仪器置于 ZY，以 JD_1 定向，实测 QZ、YZ 角度应为 $\alpha/4$、$\alpha/2$，误差$\leqslant\pm5''$。

实训二十　偏角法放样圆曲线细部

一、目的与要求

掌握偏角法在放样圆曲线细部中的应用。

二、实训安排

(1)实训安排 2 个学时，实训小组由 4 或 5 人组成。

(2)实训设备每组为 DJ$_2$ 经纬仪 1 台，钢尺 1 把，自备计算器、测钎。

三、实训步骤

(1)已知点，已知数据。已知点用实训六的点，已知数据 $R=200$ m，$\alpha=60°00'$。

(2)放样数据计算：

$$偏角\ \zeta_i=\frac{1}{2}\cdot\frac{L\cdot180°}{\pi R}$$

要求每 5 m 放样一点，分别取 $L_i=5,10,15,\cdots$ 代入计算，求得对应偏角值。

(3)安置经纬仪于 ZY 点(图 1)，以 JD 定向，度盘配 $0°00'00''$。

(4)转动仪器使水平盘为 δ_1，由 ZY 沿视线方向量出 5 m，得 1 点，打木桩标志。

(5)转动仪器使水平盘为 δ_2，由 1 点量距 5 m 与视线相交得 2 点。

(6)转动仪器使水平盘为δ_3，由 2 点量 5 m 与视线相交得 3 点。

(7)同法放样其余各点，直至曲中点 QZ。

(8)仪器迁至 YZ 点，重复(3)～(7)步放样曲线另一半。

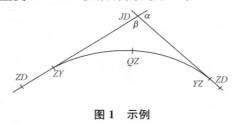

图 1　示例

实训二十一　极坐标法放样曲线细部

一、目的与要求

(1)掌握曲线细部点坐标的计算方法。

(2)掌握极坐标法放样曲线的方法。

二、实训安排

(1)实训安排 2 个学时，实训小组由 4 或 5 人组成。

(2)实训设备每组为 DT_6 经纬仪 1 台，钢尺 1 把，自备计算器、测钎等。

三、实训步骤

(1)已知点及数据：$R=200$ m，α，A，JD，B。现场假定 JD 点并设置仪器，放样 A、B 两点。

(2)计算放样数据。从 A 点开始，计算出每 5 m 曲线点坐标$(X_i，Y_i)$，并求得各点的 S、β。

(3)经纬仪设于任意导线点 O，以 A 点定向，度盘配 α_{O-A}。

(4)转动仪器，当读数为 α_{O-1} 时，沿视线方向量距 S_{JD-1} 得 1 点。

(5)转动仪器，当读数为 α_{O-2} 时，沿视线方向量距 S_{JD-2} 得 1 点。

(6)同法放样直到曲线 B 点。

曲线上任意点坐标计算可以按以下步骤求得：

(1)建立 ZY 为原点，以切线方向为力轴的坐标系，求得各点坐标。

$$\begin{cases} X_i = L_i - \dfrac{L_i^3}{6R^2} + \dfrac{L_i^5}{120R^4} \\ Y_i = \dfrac{L_i^2}{2R} - \dfrac{L_i^4}{24R^3} + \dfrac{L_i^6}{720R^5} \end{cases}$$

(2)把假坐标转换为大地坐标。

实训二十二　全站仪光电坐标测量(数据采集)

一、目的与要求

(1)掌握简易坐标测量的方法。

(2)掌握数据采集的测量过程。

二、实训安排

(1)实训安排 3 学时,实训小组由 4 或 5 人组成。

(2)实训设备每组为南方 NTS—302R$^+$ 全站仪 1 台、棱镜 1 个、脚架 1 个、棱镜杆 1 个。

三、实训步骤

1. 简易坐标测量

(1)不输入测站点坐标:测站点坐标自动设为上一次使用时的测站点坐标值,若不改变测站点坐标值,后视定向点的角度 HR、仪器高、棱镜高→照准测点按坐标测量键即可得坐标值。

(2)输入测站点坐标:在测角模式下输入后视定向点的角度 HR→按坐标测量键→F4 下一页→F3 测站,输入站点坐标值 →F1 镜高,输入棱镜高度值→F4 确认→F2 仪高,输入仪器高度值→按"坐标测量键"可得坐标值(或自动测量坐标)。

2. 数字化测量(数据采集)

(1)建立文件名并输入已知点坐标:MENU→F3 内存管理→F4 下一页→F1 输入坐标→选择文件,F1 输入(F2 调用)文件→F4 回车→输入坐标值,F1 输入点名、坐标值→ESC 退出→ESC。

(2)设站(输入测站点、后视点坐标)及检查:F1 数据采集→F1 输入文件名→F1 输入测站点(点名、编码、仪高)→F4 记录→F4 是→回到"数据采集",F2 输入后视点→F1 输入点名、编码、镜高→F3 后视→F4 回车→照准后视点后按 F4 是→F4 测量→F3 坐标→F3 否(检查测量的坐标值是否与后视点的坐标值一致)。

(3)数据采集及记录:F3 测量→F1 输入点名、编码、镜高→F3 测量→F3 坐标→(自动记录)→继续 F3(或 F4 同前,即仪高、属性不变)采集下一个点。

四、注意事项

(1)观测过程中要根据棱镜的高度改变而改变仪器中的棱镜高。

(2)已知点坐标值最好预先存到文件夹中。

(3)每一次数据采集前应先检查后视点坐标值是否正确,容许误差为 2 cm。

实训二十三　全站仪对边测量、面积测量、悬高测量

一、目的与要求

掌握全站仪对边测量、面积测量、悬高测量的操作方法。

二、实训安排

(1)实训安排 2 学时,实训小组由 4 或 5 人组成。

(2)实训设备每组为南方 NTS—302R$^+$ 全站仪 1 台、棱镜 1 个、脚架 1 个、棱镜杆 1 个。

三、实训步骤

按 MENU→F2 测量程序→F1 悬高测量,F2 对边测量,F3 为 Z 坐标,F4 为下一页,F1 面积测量。

1. 悬高测量

按 MENU→F2 测量程序→F1 悬高测量→F1 输入镜高→F1 测量,显示平距 HD→F4 设置,当仰(俯)望远镜对准目标时,可直接显示悬高 VD。

2. 对边测量(仪器设置在 0 点)

主要用于线路测设中的横断面测量。

(1)连续式:按 MENU→F2 测量程序→F2 对边测量→F4 回车→F2 连续($A-B$,$B-C$)→瞄准 1 点,F1 测量,显示 01 平距 HD→F4 设置→瞄准 2 点,F1 测量,显示 02 平距 HD→F4 设置,显示对边 12 平距 dHD→F4 下点,瞄准 3 点→F1 测量,显示 03 平距 HD→F4 设置,显示对边 23 平距……记录显示的平距、高差。

(2)辐射式:按 MENU→F2 测量程序→F2 对边测量→F4 回车→F1 连续($A-B$,$A-C$)→瞄准 1 点,F1 测量,显示 01 平距 HD→F4 设置→瞄准 2 点,F1 测量,显示 02 平距 HD→F4 设置,显示对边 12 平距 dHD→F4 下点,瞄准 3 点→F1 测量,显示 03 平距 HD→F4 设置,显示对边 13 平距……记录显示的平距、高差。

3. 面积测量

(1)文件中已有测量点坐标值(至少 3 个点):

MENU→F2 测量程序→F4 下一页→F1 文件数据→F1 输入文件名→F4 确认→F1 输入第一点点名→F4 下点→F1 输入第二点点名→F4 下点→F1 输入第三点点名→……→输入的点数大于或等于三个以上时显示面积值 S。

(2)现场测量坐标:MENU→F2 测量程序→F4 下一页→F2 测量→F1 测量得第一点坐

标→F1 测量得第二点坐标→F1 测量得第三点坐标……（N 个点均可）→显示面积值 S。

四、注意事项

（1）对边测量中，第一点立镜点为线距中桩点，从第二点开始的点为横断面的特征点，测量记录的数据为平距、高差。

（2）测站点的设置可以是任意的。

第三篇　建筑工程测量实习指导书

一、实习目的与要求

(1)掌握经纬仪、水准仪、钢尺等仪器的使用方法。

(2)掌握导线测量的外业施测过程与方法、内业数据处理过程与方法。

(3)掌握水准测量的外业施测及内业数据处理的过程、方法。

(4)熟悉大比例尺测图的工作内容及作业过程。

二、实习任务及时间安排

实习地点：×××。

实习时间：2 周。

实习任务：以作业小组为单位，每个小组单独完成图根导线、等外水准测量和指定区域的 $1:1\,000$ 或 $1:500$ 比例尺平面图。

三、仪器及工具

(1)水准仪每组一套，包括水准仪 1 台、水准尺 1 副、脚架 1 个。

(2)DJ$_6$ 经纬仪每组一套，包括经纬仪 1 台、脚架 1 个；或全站仪 1 台、脚架 1 个、对中杆一根(含棱镜)。

(3)其他：测图板 1 个、量角器 1 个，三角板 1 副。

(4)聚酯薄膜 1 张(带网格)。

(5)导线测量、水准测量手簿。

(6)自备：中华 3H 铅笔、计算器(函数型)、橡皮擦。

四、上交资料

(1)导线测量、水准测量记录手簿(组)。

(2)导线计算、水准计算表(组)。

(3)控制点成果表、控制点展点图(组)。

(4)1:500 地形图(组)。

(5)每人一份实习报告。

五、注意事项

(1)实习中,学生应遵守仪器的正确使用和管理的有关规定。不得违反仪器的操作步骤或故意破坏仪器。

(2)实习期间,各实习小组组长应认真负责、合理安排小组工作,应使小组中各成员都能参与各个工种,使每个组员都有机会练习。不得单纯追求进度。

(3)实习中,各实习小组间应加强团结,组内成员应相互理解和尊重,团结协作,共同完成实习任务。

(4)实习期间要注意人员和仪器的安全,各组要指定专人看管各台/套仪器和工具。每天实习结束前应对所带出使用的仪器进行清点。

(5)观测期间应将仪器安置好,如由于不正确的操作使仪器有任何损坏,应由组内成员共同负责赔偿,注意行人和车辆对仪器的影响。出现问题应向指导教师汇报,不得私自拆卸仪器。

(6)所有的观测数据必须直接记录在规定的手簿中,不得将野外观测数据转抄,严禁涂改、擦拭和伪造数据,在完成一项测量工作之后,必须现场完成相应的计算和整理数据的工作,妥善保管好原始的记录手簿和计算成果。

六、实习成绩评定方法

(1)实习成绩按"优、良、中、及格、不及格"五级制。

(2)评定成绩主要参考项。

1)实习表现:出勤率,实习态度,是否守纪,仪器爱护情况等。

2)操作技能:对仪器的熟练程度,作业程序是否符合规范等。

3)成果质量:各种记录手簿是否完整、书写工整、数据计算是否正确、地形图质量等。

4)实习考核:理论抽考、实际操作、计算考核。

5)实习报告:编写格式和内容符合要求,具有一定的文字水平、解决问题及分析问题的能力,并提出见解和建议。

(3)奖罚措施。

1)实习期间不管由于任何原因造成仪器损坏的情况,该组都要承担相应责任并降低成绩。

2)实习期间违反实习纪律,实习时间未达到一半以上者,实习成果和实习报告不交或不全者成绩为 0 分。

七、编写实习报告

实习结束后,每个学生必须撰写一份实习报告。实习报告格式和内容如下(参考):

(1)封面：实习地点和名称、起止日期、班级、组号、学号、姓名、指导教师。

(2)前言：简述本次实习的目的、任务及要求。

(3)实习内容：实习项目、测区概述、作业方法、技术要求、相关示意图（导线略图、水准路线图等）、实习成果及评价。

(4)实习总结：主要介绍实习中遇到的技术问题、处理方法、创新之处以及自己的独到见解，对实习的建议和意见，本人在实习中的收获。全文字数要求 2 000 字左右。

八、实习方法、步骤及要求

(一)图根控制测量

1. 导线测量

(1)相邻导线点间必须通视，便于测角和量边。

(2)导线宜布设成闭合或附合形式。

(3)导线边长接近规定的边长，相邻边长比不超过 1/3。

(4)点位应选在视野开阔处和安全处。

(5)导线点编号：第一组以 A1、A2、A3 等编号，第二组以 B1、B2、B3 等编号。

图根导线的技术指标见表 1，钢尺量边技术要求见表 2。

表 1　图根导线的技术指标

距离往返丈量相对误差	测角半测回之差	测回数	测角中误差 m_β	相对闭合差	角度闭合差
$\dfrac{1}{2\,000}$	$\leqslant 40''$	1	$\pm 20''$	$\dfrac{1}{2\,000}$	$40''\sqrt{n}$

注：n 为测站数。

表 2　钢尺量边技术要求

比例尺	附合导线长度/m	平均边长/m	导线相对闭合差	量边方法	读数差/mm	往返边长差
1：500	900	80	$\leqslant 1/3\,000$	串尺 3 次	3	1/2 000

2. 等外水准测量

(1)水准点与导线点共用，要求布设成闭合或附合水准路线。

(2)等外水准使用 DS$_3$ 型水准仪和单面水准尺进行往返观测，每站的观测程序都是"后—前—前—后"。

等外水准测量各项要求见表 3。

表 3　等外水准测量各项要求

线路总长/m	视距/m	前后视距差/m	视距累积差/m	视线高度	往返测高差之差/m	闭(附)合差/m
900	≤50	≤3.0	≤5.0	三丝能读数	±5	$\leqslant \pm 12\sqrt{n}$ mm
注：n 为测站数。						

(3)每测段的往测和返测的测站数应为偶数，由往测转向返测时，两把水准尺应互换位置，并应重新整置仪器。

(4)因测站观测超限时，在本站观测时发现，应立即重测；迁站后发现，则应从上一水准点开始重测。

3. 测量内业计算

内业计算包括导线计算和水准测量计算两部分，步骤如下。

(1)画出平面控制网的示意图，标上点名，并标出已知点、已知方向等。

(2)把已知数据、观测等级等抄记在示意图上。

(3)抄上水平角、距离、高差并按顺序编号。

(4)采用简易表格法计算，每组必须由两人独立进行计算。

(二) 大比例尺地形图测绘

1. 比例尺的选择与测图任务量

测图比例尺的选择由教师确定并绘制一幅地形图任务分幅表作为本指导书的附件，图上标明每组的测图范围和测图任务量。

2. 地形图的测绘与数字地形图的获取

(1) 全站仪草图法数字测图。

1)在测站点上安置好全站仪并对中整平→开机→进入菜单模式下的"数据采集"。

2)数据采集，即进行测量并存储碎部点的坐标，以南方 NTS—302R$^+$ 全站仪为例说明操作步骤。

①建立文件名并输入已知点坐标：MENU→F3 内存管理→F4 下一页→F1 输入坐标→选择文件，F1 输入(F2 调用)文件→F4 回车→输入坐标值，F1 输入点名、坐标值→ESC 退出→ESC。

②设站(输入测站点、后视点坐标)及检查：F1 数据采集→F1 输入文件名→F1 输入测站点(点名、编码、仪高)→F4 记录→F4 是→回到"数据采集"，F2 输入后视点→F1 输入点名、编码、镜高→F3 后视→F4 回车→照准后视点后按 F4 是→F4 测量→F3 坐标→F3 否(检查测量的坐标值是否与后视点的坐标值一致)。

③数据采集及记录：F3 测量→F1 输入点名、编码、镜高→F3 测量→F3 坐标→(自动记录)→继续 F3(或 F4 同前，即仪高、属性不变)采集下一个点。

3)坐标文件名可以使用"组号—测站名—序号"的规则命名，如"1—A3—2"的意义是，第 1 组在 A_3 点观测的第 2 个坐标数据文件。碎部点的命名规则为"测站名—序号"，例如"B_3—16"为在 B_3 设站观测的第 16 号碎部点名。

4)全站仪草图法数字测图的分工是：1人操作全站仪，1人绘制草图，1人立尺，1人为联络员。

草图绘制的每个点均应注明点号，为保证绘制的碎部点点号与全站仪坐标数据文件中记录的碎部点点号一致，每测量 10 个碎部点，草图员应与观测员对一次点号。

5)完成一天的野外坐标采集返回宿舍后，应将当天测量的坐标文件传到全站仪通信软件中，将其转换为 CASS 坐标数据格式存盘，在 CASS 中展绘坐标数据文件中的点号，草图员应对照野外绘制的草图，操作 CASS 绘制地物或地貌，当天测绘的数据应在当天晚上完成绘图工作。对存在问题的碎部点，应在第二天观测时重新测量。

（2）经纬仪法测图。

1)坐标方格网绘制及测量控制点的展点。地形图分幅采用矩形分幅方式，图面大小为 50 cm×50 cm，展点时首先要确定控制点所在的方格，按照 1∶500 比例尺进行缩小，用圆规尖脚刺在聚酯薄膜上，依次刺好所要的控制点后，再检查各相邻点之间的距离，和已知的边长进行比较，最大误差不得大于图上 0.3 mm。

2)测站点选择。

①测站点应尽量采用图根控制点，困难地区可以在测图过程中根据需要，采用图解导线、图解前方交会等方法增加测站点。

②仪器对中误差不得超过图上 0.05 mm，以较远的一点定向时用其他的点进行检核，角度检测值与原角度值之差不应大于 2′。

③每站测图过程中，应随时检查定向点方向，归零差不应大于 4′。

④检查另一测站点高程时，其较差不应大于 0.1 m。

3)碎部点测量。

①经纬仪设于已知点 I 上，对中整平，量取仪器高 I。

②瞄准另一个已知点 II，水平度盘配为 0°00′00″。（读取该已知点上的标尺的距离、中丝，竖角按公式求得平距 D 和高程 H，与已知距离、高程差应在 0.1 m 以内，否则检查图上展点正确后再观测。）

③读取测点的水平角 $B(′)$、竖角 $L(°\ ′\ ″)$、距离 $S(0.1\ \text{m})$、中丝 $V(0.01\ \text{m})$。

④用计算器计算水平距离和碎部点高程。

公式：平距：$D=S(\cos A)^2$

高程：$H=H_0+I-V+D\tan A$

⑤按水平角值、平距在图上展绘出测点位置，并注记高程（0.01 m）。

⑥重复③～⑤步可测绘另一测点。

注：可采用极坐标法、支距法或方向交会法测量碎部点，地物点、地形点最大视距长分别为 50 m、70 m。

3. 地形图测绘的限差与接边

（1）地物点、地形点视距和测距最大长度要求应符合表 4 的规定。

表4 地物点、地形点视距和测距的最大长度   m

测图比例尺	视距最大长度			测距最大长度
	地物点	地形点	地物点	地形点
1:500	—	70	80	150
1:1 000	80	120	160	250
1:2 000	150	200	300	400

注：①1:500比例尺测图时，在建成区和平坦地区及丘陵地，地物点距离应采用皮尺量距或光电测距，皮尺丈量最大长度为50m；②山地、高山地地物点最大视距可按地形点要求；③当采用数字化测图或按坐标展点测图时，其测距最大长度可按上表地形点放大一倍。

（2）高程注记点的分布。

1）地形图上高程注记点应分布均匀，丘陵地区高程注记点间距宜符合表5的规定。

表5 丘陵地区高程注记点间距   m

比例尺	1:500	1:1 000	1:2 000
高程注记点间距	15	30	50

注：平坦及地形简单地区可放宽至1.5倍，地貌变化较大的丘陵地、山地与高山地应适当加密。

2）山顶、鞍部、山脊、山脚、谷底、谷口、沟底、沟口、凹地、台地、河川湖地岸旁、水涯线上以及其他地面倾斜变换处，均应测高程注记点。

3）城市建筑区高程注记点应测设在街道中心线、街道交叉中心、建筑物墙基脚和相应的地面、管道检查井井口、桥面、广场、较大的庭院内或空地上以及其他地面倾斜变换处。

4）基本等高距为0.5m时，高程注记点应注至厘米；基本等高距大于0.5m时可注至分米。

（3）地形图的拼接。

1）在测图期间，绘图人员及时对所测量图幅进行清绘和整饰，先清绘高程及注记，后清绘地物，清绘植被符号及等高线，同时与相邻图幅进行拼接（图1）。接边差小于表6规定的平面、高程中误差的 $2\sqrt{2}$ 倍时，可平均配赋改正，超限则接边双方应到实地检查纠正。

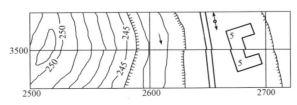

图1 地形图的拼接

表 6 地物点、地形点平面和高程中误差

地区分类	点位中误差 (图上)/mm	邻近地物点间距中误差 (图上)/mm	等高线高程中误差/mm			
			平地	丘陵地	山地	高山地
城市建筑区和平地、丘陵地	≤0.5	≤±0.4	≤1/3	≤1/2	≤2/3	≤1
山地、高山地和设站施测困难的旧街坊内部	≤0.75	≤±0.6				

2)其他。

文字：中文注记字头朝北，数字字头不倒写。

房屋：注材料、层数，每幢房子保留一个高程点。

道路：名称、材料，路中间有高程。

植被：封闭，符号按品字形注记，间隔约 3 cm。

通信电力：电线杆之间的连接不混淆。

附录 A　南方 NTS—302R$^+$ 全站仪简易操作

一、仪器基本功能

无棱镜测距：200 m。测距精度：5＋3 ppm[①]。

单棱镜测距：5 000 m。测距精度：1＋1 ppm。

全站仪实物图如图 1 所示，角度测量模式、距离测量模式、坐标测量模式的菜单见图 2。

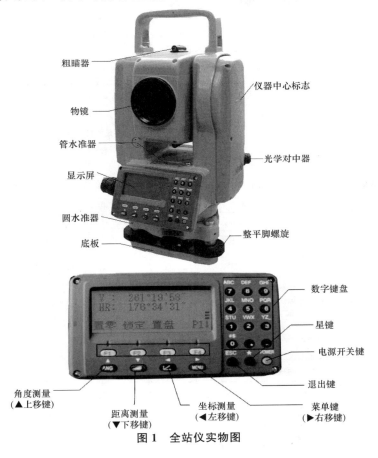

图 1　全站仪实物图

[①]　1ppm＝10^{-6}。

键盘符号： ANG ◿▨ ◹ MENU ESC POWER F1 ～ F4 0 ～ 9

按键	名　称	功　能
ANG	角度测量键	进入角度测量模式（▲上移键）
◿▨	距离测量键	进入距离测量模式（▼下移键）
◹	坐标测量键	进入坐标测量模式（◀左移键）
MENU	菜单键	进入菜单模式（▶右移键）
ESC	退出键	返回上一级状态或返回测量模式
POWER	电源开关键	电源开关
F1 ～ F4	软键（功能键）	对应于显示的软键信息
0 ～ 9	数字键	输入数字、字母、小数点、负号
★	星键	进入星键模式

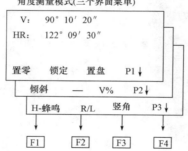

角度测量模式(三个界面菜单)

```
  V:    90° 10′ 20″
  HR:  122° 09′ 30″


置零    锁定    置盘    P1↓
  倾斜    —    V%    P2↓
H-蜂鸣  R/L   竖角   P3↓
```

F1   F2   F3   F4

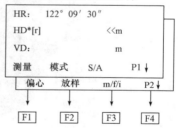

距离测量模式(两个界面菜单)

```
  HR:   122° 09′ 30″
  HD*[r]            <<m
  VD:              m
测量    模式   S/A    P1↓
  偏心   放样  m/f/i   P2↓
```

F1   F2   F3   F4

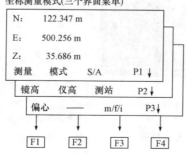

坐标测量模式(三个界面菜单)

```
  N:    122.347 m
  E:    500.256 m
  Z:     35.686 m
测量    模式   S/A    P1↓
  镜高   仪高  测站   P2↓
  偏心   —   m/f/i   P3↓
```

F1   F2   F3   F4

图 2　角度测量模式、距离测量模式、坐标测量模式的菜单

按下星键可以对以下项目进行设置：

(1)对比度调节。按星键后，通过按▲或▼键，可以调节液晶显示屏对比度。

(2)照明。按星键后，通过按 F1 选择"照明"，按 F1 或 F2 选择开关背景光。

(3)倾斜。按星键后，通过按 F2 选择"倾斜"，按 F1 或 F2 选择开关倾斜改正。

(4)S/A。按星键后，通过按 F4 选择"S/A"，可以对棱镜常数和温度气压进行设置，并且可以查看回光信号的强弱。

二、参数设置

1. 从菜单键中设置

(1)MENU→F4 下一页→F1 参数设置→可以设置角度读数 F1、自动开关机 F2 和自动补偿 F3→回车确认 F4。

(2)数据采集时相关参数：MENU→F1 数据采集→F1 输入文件名→F4 共两次→F3 设置：F1 测距模式→F1 粗测，F2 跟踪；

F2 测量次数→F1 单次，F2 连续；

F3 存储设置→F1 自动存储坐标，F2 自动存储数据(是？否？)；

F4 下一页→F1 数据采集设置→F1 先输测点，F2 先测量。

2. 从距离(坐标)测量模式中设置

在距离(坐标)测量模式下→F3 选 S/A→可以设置棱镜(F1)、大气改正 PPM(F2)、温度(F3)、气压(F4)。

3. 开机时设置

F1＋开机→F2 仪器常数(除非专业测定，否则一般为 0)。

三、角度测量

水平角：HR。

垂直角：V。

按 ANG 进入测角模式→可以置零、锁定、置盘→下一页可以对天顶角与高度角、垂直角与斜率、水平角左右角转换。

四、距离测量

必须检查大气改正和棱镜常数。

大气改正：一般为 0.14。

棱镜常数：如果棱镜常数为－30 mm，则在设置时输入－30 mm。

水平距离：HD。

倾斜距离：SD。

1. 静态测距

距离测量模式→模式(F2)→F1 单次精测(F1)、连续精测(F2)→第一次设定之后，以后可直接按距离测量键。

2. 动态测距

距离测量模式→模式(F2)→F3 连续跟踪→第一次设定之后，以后可直接按距离测量键。

3. 无棱镜测距

按下星键→F1 模式→F3 无合作→不用棱镜直接按距离测量键可测 200 m 的目标。

操作过程及仪器显示见表1。

表1 操作过程及仪器显示

操作过程	操作	显　　示
①照准棱镜中心	照准	V:　　　　90° 10′ 20″ HR:　　　　170° 30′ 20″ H—蜂鸣　　R/L　　竖角　　P3↓
②按 ◢ 键，距离测量开始＊1)、2)	◢	HR:　　　　170° 30′ 20″ HD＊〔r〕　　　　　≪m VC:　　　　　　　m 测量　　模式　　S/A　　P1↓ HR:　　　　170° 30′ 20″ HD＊　　235.343 m VC:　　36.551 m 测量　　模式　　S/A　　P1↓
显示测量的距离＊3)—＊E) 再次按 ◢ 键，显示变为水平角(HR)、垂直角(V)和斜距(SD)	◢	V:　　　　90° 10′ 20″ HR:　　　170° 30′ 20″ SD＊　　241.551 m 测量　　模式　　S/A　　P1↓

五、建立文件名及预置数据

1. 文件名建立和坐标输入或删除

MENU→F3 内存管理→F4 下一页→F1 输入坐标→F1 输入文件名→F4 回车→F1 输入点名→F1 输入坐标值(F2 删除)→ESC 几次直至测角模式。

2. 文件名的修改与删除

MENU→F3 内存管理→F3 文件维护→F2 改名，F3 删除。

六、坐标测量

1. 简易坐标测量

(1)不输入测站点坐标：测站点坐标自动设为上一次使用时的测站点坐标值，若不改变测站点坐标值、后视定向点的角度 HR、仪器高、棱镜高，照准测点按坐标测量键即可得假坐标值。

(2)输入测站点坐标：在测角模式下输入后视定向点的角度→HR 按坐标测量键→F4 下一页→F3 测站，输入站点坐标值→F1 镜高，输入棱镜高度值→F4 确认→F2 仪高，输入仪器高度值→按"坐标测量键"可得坐标值(或自动测量坐标)。

2. 数字化测量(数据采集)

(1)建立文件名并输入已知点坐标：MENU→F3 内存管理→F4 下一页→F1 输入坐标→选择文件，F1 输入(F2 调用)文件→F4 回车→输入坐标值，F1 输入点名、坐标值→ESC 退出→ESC。

(2)设站(输入测站点、后视点坐标)及检查：F1 数据采集→F1 输入文件名→F1 输入测站点(点名、编码、仪高)→F4 记录→F4 是→回到"数据采集"，F2 输入后视点→F1 输入点名、编码、镜高→F3 后视→F4 回车→照准后视点后按 F4 是→F4 测量→F3 坐标→F3 否(检查测量的坐标值是否与后视点的坐标值一致)。

(3)数据采集及记录：F3 测量→F1 输入点名、编码、镜高→F3 测量→F3 坐标→(自动记录)→继续 F3(或 F4 同前，即仪高、属性不变)采集下一个点。

七、坐标放样

1. 无建站放样

测距模式→F4 下一页→F2 放样→F1 平距→F1 输入平距→F4 回车→按测距键→显示相关数据。

2. 需建站放样

(1)建立文件名并输入已知点坐标：MENU→F3 内存管理→F4 下一页→F1 输入坐标→选择文件，F1 输入(F2 调用)文件→F4 回车→输入坐标值，F1 输入点名、坐标值→ESC 退出→ESC。

(2)按放样键 S.O→F1 输入文件名(F2 调用，F3 跳过)→F4 回车→F1 输入测站点→F1 输入点名→F4 是→F1 输入仪高→F4 回车，返回放样模式→F2 输入后视点→F1 输入点名→F4 是→照准后视点无误后，F4 是，返回放样模式→F3 输入放样点名→F3 输入坐标→F1 输入 XYZ、镜高→F4 二次→转动仪器使 dHR 为 0，制动→F2 距离→移动棱镜使 dD 也为 0→F4 换点放样。

八、其他测量功能

MENU→F2 测量程序→F1 悬高测量，F2 对边测量，F3 为 Z 坐标，F4 下一页为 F1 面积测量。

1. 悬高测量

按 MENU→F2 测量程序→F1 悬高测量→F1 输入镜高→F1 测量,显示平距 HD→F4 设置,当仰(俯)望远镜对准目标时,可直接显示悬高 VD。

2. 对边测量(仪器设置在 O 点)

(1)连续式:按 MENU→F2 测量程序→F2 对边测量→F4 回车→F2 连续$(A-B,B-C)$→瞄准 1 点,F1 测量,显示 01 平距 HD→F4 设置→瞄准 2 点,F1 测量,显示 02 平距 HD→F4 设置,显示对边 12 平距 dHD→F4 下点→瞄准 3 点→F1 测量,显示 03 平距 HD→F4 设置,显示对边 23 平距……

(2)辐射式:按 MENU→F2 测量程序→F2 对边测量→F4 回车→F1 连续$(A-B,A-C)$→瞄准 1 点,F1 测量,显示 01 平距 HD→F4 设置→瞄准 2 点,F1 测量,显示 02 平距 HD→F4 设置,显示对边 12 平距 dHD→F4 下点→瞄准 3 点→F1 测量,显示 03 平距 HD→F4 设置,显示对边 13 平距……

3. 面积测量

(1)文件中已有测量点坐标值(至少 3 个点):MENU→F2 进入测量程序→F4 下一页→F1 文件数据→F1 输入文件名→F4 确认→F1 输入第一点点名→F4 下点→F1 输入第二点点名→F4 下点→F1 输入第三点点名→……→输入的点数大于或等于 3 个以上时显示面积值 S。

(2)现场测量坐标:MENU→F2 进入测量程序→F4 下一页→F2 测量→F1 测量得第一点坐标→F1 测量得第二点坐标→F1 测量得第三点坐标……(N 个点均可)→显示面积值 S。

九、数据查询与通信传输

1. 数据查询

MENU→F3 内存管理→F2 数据查询→F1 测量数据(F2 坐标数据)→F1 输入文件名→查询数据。

2. 通信传输

发送数据:从全站仪下载到计算机。

接收数据:从计算机上传到全站仪。

MENU→F3 内存管理→F4 共两次→F1 数据传输→F1 发送数据,F2 接收数据,F3 通信参数。

注:NTS—302R$^+$ 全站仪发射的是激光,使用时不能对着眼睛。

附录 B 南方动态 GPS－S82(RTK)的简易操作

南方动态 GPS－S82 主机外型如图 1 所示,基准站和移动站的安装如图 2 所示。

功能键 开关键

(a)

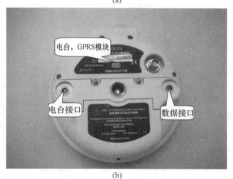

电台,GPRS模块

电台接口 数据接口

(b)

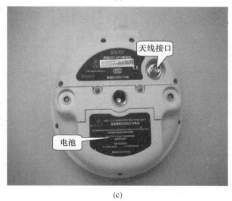

天线接口

电池

(c)

图 1 南方动态 GPS－S82 主机外型

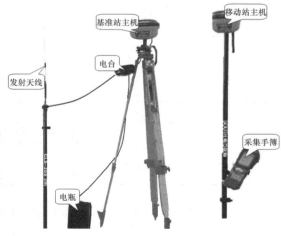

基准站主机 移动站主机

电台

发射天线

采集手簿

电瓶

图 2 基准站和移动站的安装示意图

1.S82 主机各项设置流程说明

GPS 接收机的设置：（各灯以及按键代表的含义）

BAT－内置电池：长亮表示供电正常；闪烁表示电量不足。

PWR－外接电源：长亮表示供电正常；闪烁表示电量不足。

BT－蓝牙连接。

SAT－卫星数量。

SAT 闪烁时：SAT 在静态模式表示记录灯；在动态模式表示数据链模块正常运作。

DL：在静态模式下长亮；在动态模式下闪烁表示数据链模块正常运作。

F 功能键：负责工作模式的切换以及电台、GPRS 模式的切换。

P 开关键：开关机以及确认。

同时按 P＋F，等到六个灯都同时闪烁时放开手，按 F 键选择工作模式。

（1）移动站模式（图 3）。

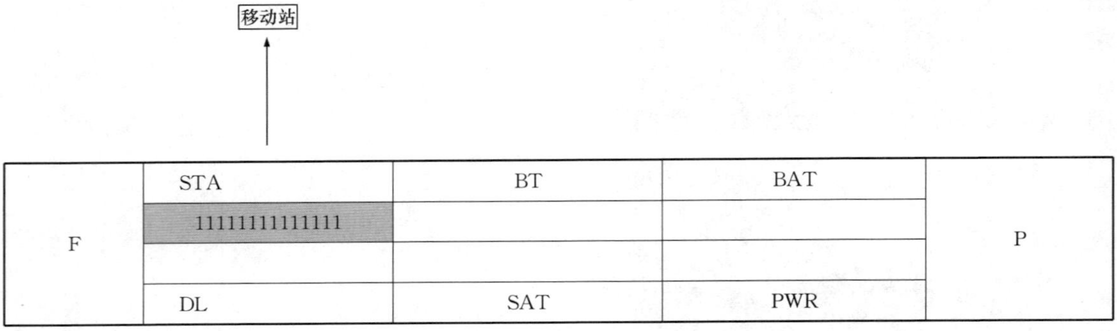

移动站

F	STA		BT		BAT		P
	111111111111111						
	DL		SAT		PWR		

图 3　移动站模式

按 P 键确认。

（2）基准站模式（图 4）。

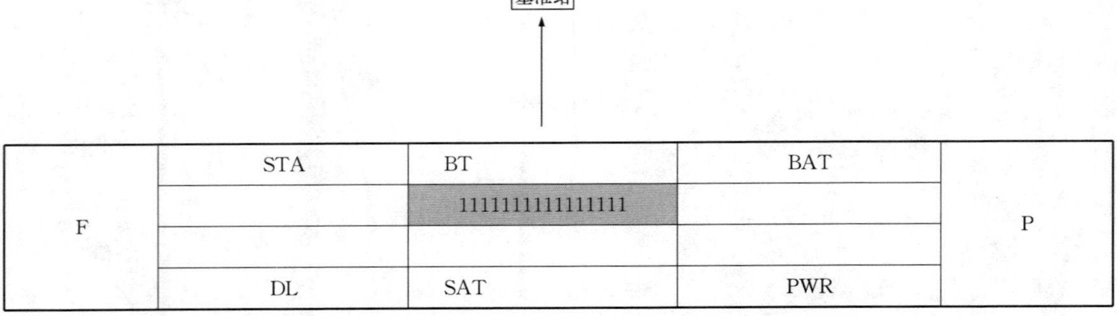

基准站

F	STA	BT		BAT		P
		11111111111111111				
	DL	SAT		PWR		

图 4　基准站模式

按 P 键确认。

（3）静态观测模式（图 5）。

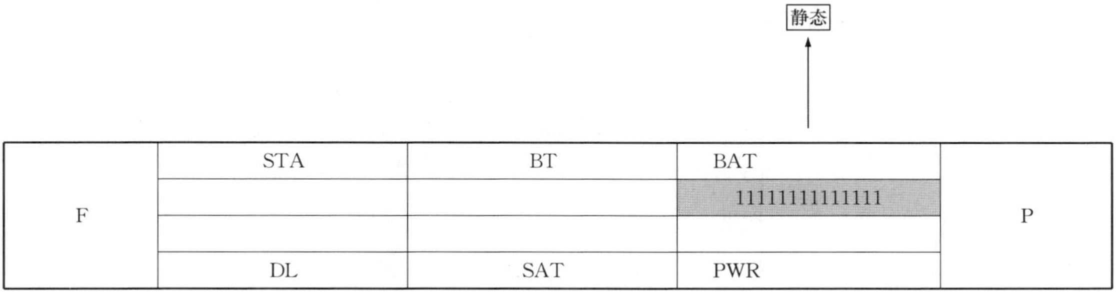

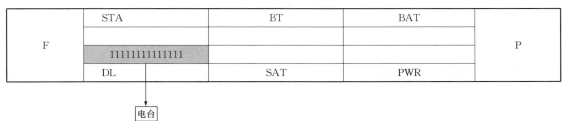

静态

F	STA	BT	BAT	P
			11111111111111	
	DL	SAT	PWR	

图5　静态观测模式

按 P 键确认。

(4)电台模式(图6)。

F	STA	BT	BAT	P
	11111111111111			
	DL	SAT	PWR	

电台

图6　电台模式 F

按 P 键确认。

(5)GPRS 模式(图7)。

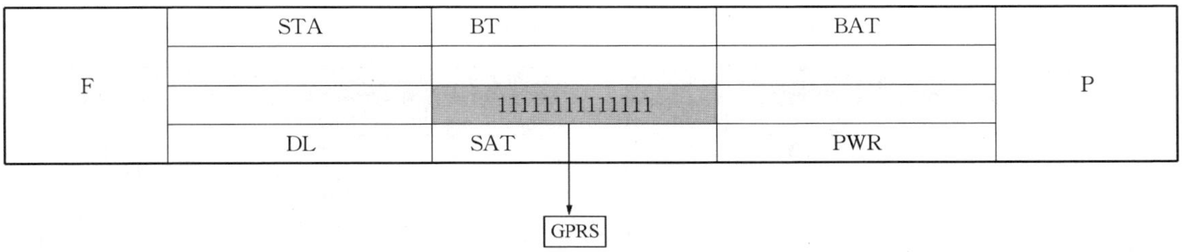

F	STA	BT	BAT	P
		11111111111111		
	DL	SAT	PWR	

GPRS

图7　GPRS 模式

按 P 键确认。

(6)外接模块模式(图8)。

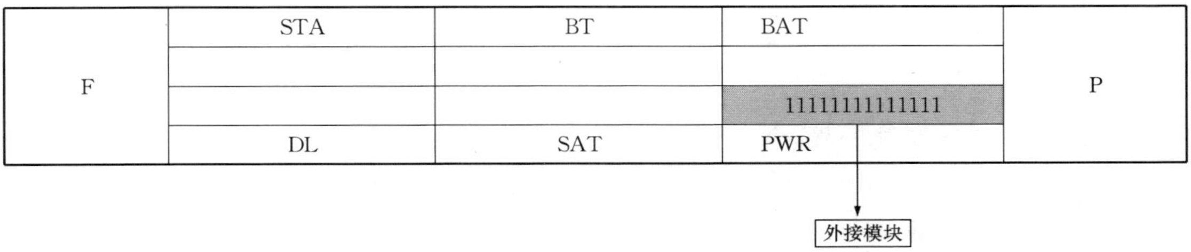

F	STA	BT	BAT	P
			11111111111111	
	DL	SAT	PWR	

外接模块

图8　外接模块模式

按 P 键确认。

2. PSION 手簿(图 9)的使用

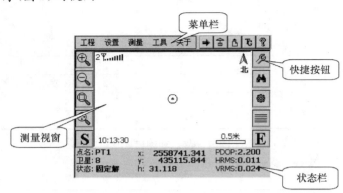

图 9　PSION 界面

（1）工程。新建工程、打开工程、新建文件、选择文件、删除工程、导入 DC 文件、导入 ER 文件、文件输出、项目成果表、关闭 GPS 主机、退出。

（2）设置。

1）测量参数：投影参数、四参数、七参数、高程拟合参数、水准模型设置、校正参数、垂直平差设置等。

2）坐标管理库(图 10)。

3）经纬度坐标库(图 10)。

图 10　"坐标管理库"对话框

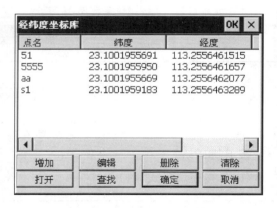

图 11　"经纬度坐标库"对话框

4）移动站设置：差分数据格式一般用 RTCM3，PDOP 小于 5。

解算精度水平默认为 high(窄带解)，也可以在此改成 common(宽带解)，二者的选择取决于测量的工作环境和测量结果的精度要求。High 为通用的解模式，但是当测量工作环境不是很好(如对卫星信号有遮挡的树林或树丛中；移动距离操作 10 km 以上)且对测量结果精度要求不高的情况下(common 的固定解精度要比 high 的固定解精度低 2～3 cm)，可以选择 common，这样得到固定解的速度加快。

默认的差分数据格式为 RTCA，同时软件提供另外两种数据格式——RTCM、CMR(手机卡)。

5)其他设置(图 12)：存储设置、卫星限制、移动站天线高。

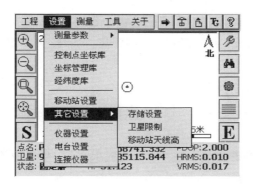

图 12 "其他设置"菜单

操作：【设置】→【其他设置】→【卫星限制】。

由于低高度角的卫星信号穿透电离层和对流层引起的折射大，并且由于多路径效应，低高度角卫星的信号在接收时有衍射作用，所以 GPS 测量时对观测到的卫星必须加以选择，软件在这里可以对卫星的使用进行限制，以屏蔽低高度角的卫星。例如输入高度截止角为 10°，这样 10°以下的卫星将被屏蔽而不会采用。一般最高的截止角设置都在 20°以下。

6)仪器设置：设置工作模式、静态参数、数据链。

7)电台设置(图 13)：自动搜索电台通道号或手工输入通道号后再切换。

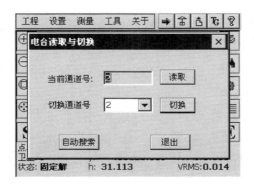

图 13 电台读取与切换

8)连接仪器：手簿连接模式(CF 蓝牙、电缆、内置蓝牙)、通道端号一般用 7。

(3)测量。

目标点测量：测量坐标。

控制点测量：测量坐标。

点放样：放样点坐标。

(4)工具。

参数计算：计算四参数、计算七参数。

坐标计算：坐标转换、正算、反算、偏角偏距、偏点计算、测边交会、交会计算。

其他计算：线中点、夹角、地图转换、空间距离、面积、天线高计算。

道路设计：元素模式、交点模式。

断面设计：纵断面、横断面设计。

其他：参数浏览、数据刷新、自动校正、查看测量点和卫星图。

校正向导：基站校正。

数据后处理：成果文件格式转换输出、生成成果文件、生成原始文件。

3.RTK的使用（基站设于未知点上、测区内首次作业）

(1)仪器的架设。

1)基准站。在测区中央选择地势较高、视野开阔的位置架好基站（不用对中整平、不用量取仪器高，只用架稳就行了）。按PWR开机一次即可进入动态测量状态（关机时按PWR听到三声响后松手即可）。

主机和电台都由电瓶供电，电瓶的正负极不能接反（红色为正极"＋"、黑色为负极"－"），在作业过程中，基站不能移动，不能关机。

2)电台。连接好基准站、电台、电瓶连线，开机，电台正常工作时TX灯1 s闪一次，选择好电台的频道1、2、3、4、5、6、7、8、9（任选其一）。

3)移动站。按电源键PWR一次即可开机，并自动进入移动站状态（关机时按PWR听到三声响后松手即可）。

开机时主机STA和PWR指示灯常亮，达到条件会自动发射，发射时，STA灯1 s闪一次，DL灯5 s快闪2次。

(2)手簿的操作。按ENTER开机（关机则按ENTER→FN→ENTER），进入工程之星软件，新建工程 ，输入工程名，如n110。

1)蓝牙连接。单击右下角蓝牙图标"I"→搜索→找到移动站机身编号→选中对应编号→单击"服务"→选ASYNC1→单击ASYNC1→选"活动"→OK→OK。

2)电台设置。设置→电台设置→搜索。系统自动找到电台的频道号（如确定电台频道号也可在切换中直接输入对应的数字）。

3)移动站与基站连接。

设置→连接仪器→连接；

设置→移动站设置→可改变相应的参数。

移动站正常工作状态时指示灯如表1所示。

表1　移动站正常工作状态时的指示灯

F	STA		BT		BAT		P
			111111111111111　蓝牙		1111111111　电池		
	111111111111　电台		111111111111111　卫星				
	DL		SAT		PWR		

4)校正移动站。

(3)测区参数的求解。

1)方法一：

①在手簿中设置成WGS—84系统，并用GPS测出两个已知点1、2的固定解WGS—84坐标。

②计算转换参数。

单击【设置】→【控制点坐标库】，单击"增加"，把用于求转换参数的点增加到库里面计算参数。

输入刚才所测的已知点1、2的1954北京坐标或1980西安坐标，输入后单击OK，进入原始坐标的输入界面。

单击"从坐标管理库选点"(图14)，如果坐标管理库里面没有坐标，单击"导入"(图15)，把刚才所测的原始值即WGS—84坐标导入临时库里以供选择。默认打开的是当前工程所在原始文件＊.RTK，选中并打开该文件(图16)就可以了。

导入原始文件后，选中1点所对应的原始坐标(注意，前面有脚架符号代表原始坐标)，单击"确定"，就调出刚才所测的WGS—84的原始坐标，再单击"确定"，可以看见1点就增加到控制点坐标库(图17)里了。

用同样的操作单击"增加"，把2点增加到控制点坐标库。

完成上面的操作后，用于计算转换参数的1、2都添加到库里面了，如图18所示。

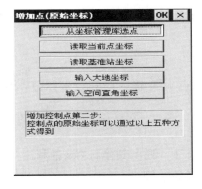

图14　单击"从坐标管理库选点"

图15　单击"导入"

图16 "打开"对话框

图17 "坐标管理库"对话框

图18 "求转换参数"对话框

③保存文件,计算出转换参数。此时单击"保存",文件名任意取(如 nanning),那么程序就会在 nanning 文件夹内保存一个名为 nanning.cot 的转换文件,存完后单击"应用",程序会自动计算转换参数,并把转换开关打开。

2)方法二:

单击"工具"→"校正向导",选"基站架设在未知点上",输入已知点坐标值,严格对中后单击"校正",核对后单击"确定"。

按上述步骤到另一个已知点再校正一次,校正完成。

(4)RTK 检查。到第三个已知点,在固定解状态下,测出其坐标(或者利用点放样的功能),看所测量的值和已知值的差值是否在误差许可的范围内,若符合,测量并存储该点坐标,就可以开始其他点的测量了。若不符,需要查看求参数时所输入的已知坐标是否正确,操作是否有误。根据实际操作经验,只要操作正确,输入无误,用户的坐标系没有粗差,检查已知点的结果都会符合得相当好。

(5)点位测量。检查完成后就可以开始测量工作了。到需要采集坐标的地形或地物点上放杆，在固定解状态下使气泡居中后按手簿上的"A"或者按向左的方向键，就弹出存储界面改变点名，按回车或者确定键，即可保存。

说明：

固定解：有足够的卫星，成果可靠。

浮点解：有足够的卫星，但未能求得可靠的成果，须较长时间观测。

差分解：有卫星但数量不够，成果误差大。

单点解：仅有移动站的卫星，与基站未能连接，成果误差很大。

无效解：基站、移动站均未能收到卫星。

PDOP：解算几何因子，小于5。

HRMS：平面坐标计算精度，小于3 cm。

VRMS：高程计算精度，小于3 cm。

4. RTK 的再次使用(当基站关机或收工后，再次测量，即测区内第二次作业)

(1)基站架设在未知点，正确连接仪器，开机。

(2)移动站。

1)在手簿中调出上次所求的转换参数(一般情况下，小的测区可以利用一个转换参数文件，若是新建了工程，要正确输入椭球和中央子午线)。

做法如下：单击"设置"→"控制点坐标库"，单击"打开"按钮(图 19)。

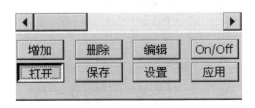

图 19　单击"打开"

选择上次求的转换参数文件如 nanning. cot，单击"确定"。

上次用于计算转换参数的点对就在列表中显示出来了，单击"应用"，程序就自动计算转换参数，并把转换开关打开。

2)求校正参数。移动站在固定解状态下，到一个已知点，单击"工具"→"校正向导"（图 20）。系统打开"校正模式选择"对话框（图 21）。

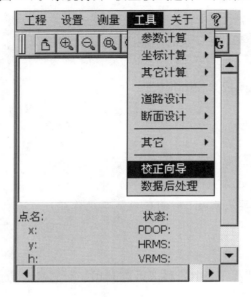

图 20　单击"校正向导"

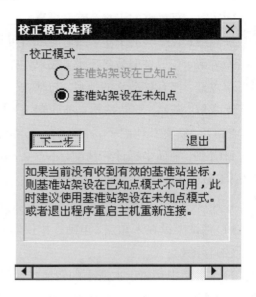

图 21　"校正模式选择"对话框

选择"基准站架设在未知点"模式，单击"下一步"，打开"基准站架设在未知点（向导 1）"对话框（图 22）。

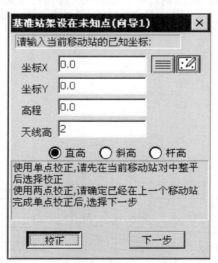

图 22　"基准架设在未知点（向导 1）"对话框

输入当前点的已知坐标,天线高输入 2 m,选择杆高。对中整平后,单击"校正",就计算出了校正参数。

为了严密起见,移动站需要到另外的已知点检查,当误差允许,测量并存储该点坐标,就可以开始测量了。

3)坐标测量。检查完成后就可以开始测量工作了。到需要采集坐标的地形或地物点上放杆,待气泡居中后按手簿上的"A",或者按向左的方向键,就弹出存储界面,按回车或者确定键即可保存。

注:

①快速按两次"B"键可以浏览所测的坐标。

②按一次"A"键可以保存所测的坐标值。

附录 C   CASS 9.1 快速入门

通过学习一个简单完整的实例，初级用户就可以轻轻松松进入 CASS 9.1 的大门。

CASS 9.1 安装之后，就可以开始学习如何做一幅简单的地形图。下面以一个简单的例子来演示地形图的成图过程；CASS 9.1 成图模式有多种，这里主要介绍"点号定位"的成图模式。例图的路径为 C：\CASS 9.1\demo\study.dwg（以安装在 C 盘为例，图 1）。初学者可依照下面的步骤来练习，可以在短时间内学会作图。

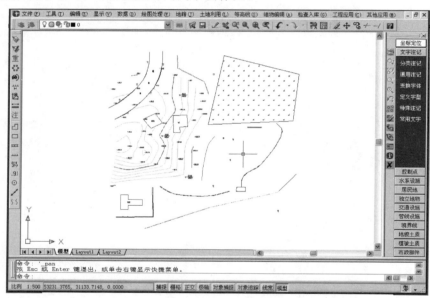

图 1   例图 study.dwg

1. 定显示区

定显示区就是通过坐标数据文件中的最大、最小坐标定出屏幕窗口的显示范围。

进入 CASS 9.1 主界面，鼠标单击"绘图处理"项，即出现如图 2 所示下拉菜单。然后移至"定显示区"项，使之以高亮显示，按左键，即出现一个对话窗，如图 3 所示。这时，需要输入坐标数据文件名。可参考 Windows 选择打开文件的方法操作，也可直接通过键盘输入，在"文件名（N）："（即光标闪烁

绘图处理(W)	地籍(J)	土地利

定显示区

改变当前图形比例尺

展高程点

高程点建模设置

高程点过滤

高程点处理　　　　　▶

图 2   "绘图处理"下拉菜单

处)输入 C:\CASS 9.1\DEMO\STUDY.DAT，再移动鼠标至"打开(O)"处，按左键。这时，命令区显示：

最小坐标(米)：X=31056.221，Y=53097.691

最大坐标(米)：X=31237.455，Y=53286.090

图 3 选择"定显示区"数据文件

2. 选择测点点号定位成图法

移动鼠标至屏幕右侧菜单区"测点点号"选项，按左键，即出现图 4 所示的对话框。

图 4 选择"点号定位"数据文件

输入点号坐标数据文件名 C:\CASS 9.1\DEMO\STUDY.DAT 后，命令区提示：

读点完成！ 共读入 106 个点

3. 展点

先移动鼠标至屏幕的顶部菜单"绘图处理"，单击左键，这时系统弹出一个下拉菜单。再移动鼠标选择"绘图处理"下的"展野外测点点号"项，如图5所示，单击左键后，便出现如图3所示的对话框。

输入对应的坐标数据文件名 C：\CASS 9.1\DEMO\STUDY.DAT 后，便可在屏幕上展出野外测点的点号，如图6所示。

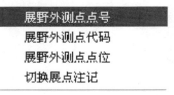

图5 选择"展野外测点点号"

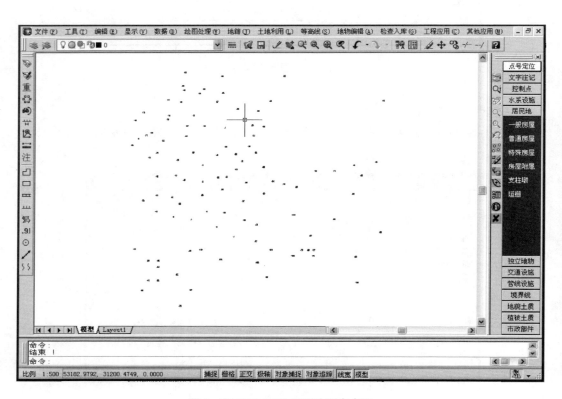

图6 STUDY.DAT 展野外测点点图

4. 绘平面图

下面可以灵活使用工具栏中的缩放工具进行局部放大以方便编图。先把左上角放大，选择右侧屏幕菜单的"交通设施/城际公路"按钮，弹出如图7所示的对话框。

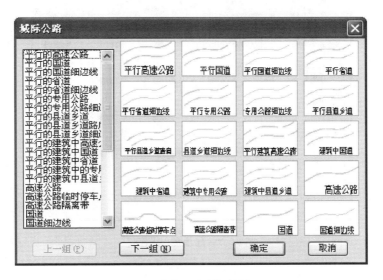

图7 "城际公路"对话框

找到"平行高速公路"并选中,再单击"确定",命令区提示:

绘图比例尺 1:(输入 500,回车)

点 P/<点号>(输入 92,回车)

点 P/<点号>(输入 45,回车)

点 P/<点号>(输入 46,回车)

点 P/<点号>(输入 13,回车)

点 P/<点号>(输入 47,回车)

点 P/<点号>(输入 48,回车)

点 P/<点号>(回车)

拟合线<N>?(输入 Y,回车)

说明:输入 Y,将该边拟合成光滑曲线;输入 N(默认为 N),则不拟合该线。

1. 边点式/2. 边宽式<1>:[回车(默认 1)]

说明:选 1(默认为 1),将要求输入公路对边上的一个测点;选 2,要求输入公路宽度。

对面一点

点 P/<点号>(输入 19,回车)

这时平行高速公路就做好了,如图 8 所示。

下面作一个多点房屋。选择右侧屏幕菜单的"居民地/一般房屋"选项,弹出如图 9 所示对话框。

先用鼠标左键选择"多点砼房屋",再单击 OK。命令

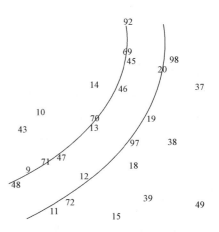

图8 作好一条平行高速公路

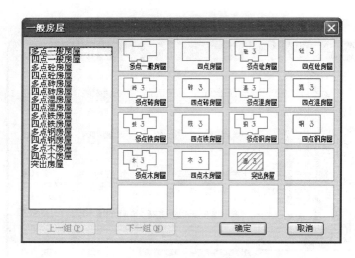

图9 "一般房屋"对话框

区提示：

第一点：

点 P/<点号>（输入 49，回车）

指定点：

点 P/<点号>（输入 50，回车）

闭合 C/隔一闭合 G/隔一点 J/微导线 A/曲线 Q/边长交会 B/回退 U/点 P/<点号>（输入 51，回车）

闭合 C/隔一闭合 G/隔一点 J/微导线 A/曲线 Q/边长交会 B/回退 U/点 P/<点号>（输入 J，回车）

点 P/<点号>（输入 52，回车）

闭合 C/隔一闭合 G/隔一点 J/微导线 A/曲线 Q/边长交会 B/回退 U/点 P/<点号>（输入 53，回车）

闭合 C/隔一闭合 G/隔一点 J/微导线 A/曲线 Q/边长交会 B/回退 U/点 P/<点号>（输入 C，回车）

输入层数：<1>[回车（默认为 1 层）]

说明：选择"多点砼房屋"后系统自动读取地物编码，用户不须逐个记忆。从第三点起弹出许多选项，这里以"隔一点"功能为例，输入 J，输入一点后系统自动算出一点，使该点与前一点及输入点的连线构成直角；输入 C 时，表示闭合。

再作一个多点混凝土房，熟悉一下操作过程。命令区提示：

Command：dd

输入地物编码：<141111>141111

第一点：点 P/<点号>（输入 60，回车）

指定点：

点 P/<点号>（输入 61，回车）

闭合 C/隔一闭合 G/隔一点 J/微导线 A/曲线 Q/边长交会 B/回退 U/点 P/<点号>（输入 62，回车）

闭合 C/隔一闭合 G/隔一点 J/微导线 A/曲线 Q/边长交会 B/回退 U/点 P/<点号>（输入 A，回车）

微导线 — 键盘输入角度(K)/<指定方向点(只确定平行和垂直方向)>（用鼠标左键在 62 点上侧一定距离处点一下）

距离<m>：（输入 4.5，回车）

闭合 C/隔一闭合 G/隔一点 J/微导线 A/曲线 Q/边长交会 B/回退 U/点 P/<点号>（输入 63，回车）

闭合 C/隔一闭合 G/隔一点 J/微导线 A/曲线 Q/边长交会 B/回退 U/点 P/<点号>（输入 J，回车）

点 P/<点号>（输入 64，回车）

闭合 C/隔一闭合 G/隔一点 J/微导线 A/曲线 Q/边长交会 B/回退 U/点 P/<点号>（输入 65，回车）

闭合 C/隔一闭合 G/隔一点 J/微导线 A/曲线 Q/边长交会 B/回退 U/点 P/<点号>（输入 C，回车）

输入层数：<1>（输入 2，回车）

说明："微导线"功能由用户输入当前点至下一点的左角(度)和距离(米)，输入后软件将计算出该点并连线。要求输入角度时，若输入 K，则可直接输入左向转角；若直接用鼠标单击，只可确定垂直和平行方向。此功能特别适合知道角度和距离但看不到点的位置的情况，如房角点被树或路灯等障碍物遮挡。

两栋房子和平行等外公路"建"好后，效果如图 10 所示。

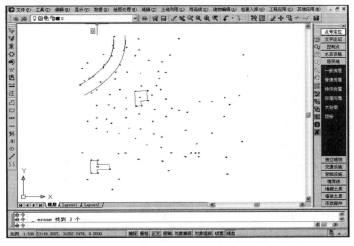

图 10 "建"好两栋房子和平行等外公路

类似以上操作，分别利用右侧屏幕菜单绘制其他地物。

在"居民地"菜单中，用 3、39、16 三点完成利用三点绘制 2 层砖结构的四点房；用 68、67、66 绘不拟合的依比例围墙；用 76、77、78 绘制四点棚房。

在"交通设施"菜单中，用 86、87、88、89、90、91 绘制拟合的小路；用 103、104、105、106 绘制拟合的不依比例乡村路。

在"地貌土质"菜单中，用 54、55、56、57 绘制拟合的坎高为 1 m 的陡坎；用 93、94、95、96 绘制不拟合的坎高为 1 m 的加固陡坎。

在"独立地物"菜单中，用 69、70、71、72、97、98 分别绘制路灯；用 73、74 绘制宣传橱窗；用 59 绘制不依比例肥气池。

在"水系设施"菜单中，用 79 绘制水井。

在"管线设施"菜单中，用 75、83、84、85 绘制地面上输电线。

在"植被园林"菜单中，用 99、100、101、102 分别绘制果树独立树；用 58、80、81、82 绘制菜地（第 82 号点之后仍要求输入点号时直接回车），要求边界不拟合，并且保留边界。

在"控制点"菜单中，用 1、2、4 分别生成埋石图根点，在提问"点名·等级"时分别输入 D121、D123、D135。

最后选取"编辑"菜单下的"删除"二级菜单下的"删除实体所在图层"，鼠标符号变成了一个小方框，用左键选取任何一个点号的数字注记，所展点的注记将被删除。

平面图作好后效果如图 11 所示。

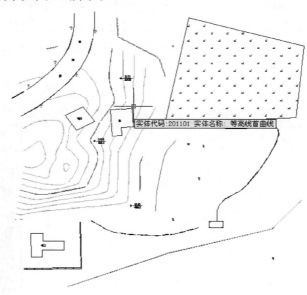

实体代码:201101 实体名称: 等高线首曲线

图 11　示例平面图

5. 绘等高线

展高程点：用鼠标左键单击"绘图处理"菜单下的"展高程点"，系统弹出数据文件的对话框，找到 C：\CASS 9.1\DEMO\STUDY.DAT，单击"确定"，命令区提示"注记高程点的距离（米）"，直接回车，表示不对高程点注记进行取舍，全部展出来。

建立 DTM 模型：用鼠标左键单击"等高线"菜单下"建立 DTM"选项，弹出如图 12 所示对话框。

根据需要选择建立 DTM 的方式和坐标数据文件名，然后选择建模过程是否考虑陡坎和地性线，单击"确定"，生成如图 13 所示 DTM 模型。

图 12 "建立 DTM"对话框

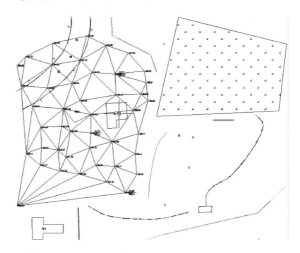

图 13 建立 DTM 模型

绘等高线：用鼠标左键单击"等高线/绘制等高线"，弹出如图 14 所示对话框。

输入等高距后，选择拟合方式，并单击"确定"，则系统立即绘制出等高线。再选择"等高线"菜单下的"删三角网"，这时屏幕显示如图 15 所示。

图 14 "绘制等值线"对话框

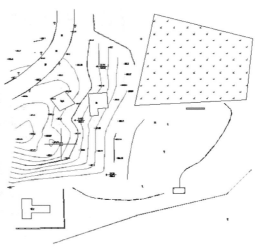

图 15 绘制等高线

等高线的修剪：利用"等高线"菜单下的"等高线修剪"二级菜单，如图 16 所示。

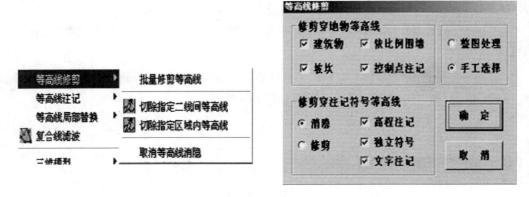

图 16 "等高线修剪"菜单及对话框

用鼠标左键单击"批量修剪等高线"，选择"建筑物"，软件将自动搜寻穿过建筑物的等高线并将其进行整饰。单击"切除指定二线间等高线"，依提示依次用鼠标左键选取左上角的道路两边，CASS 9.1 将自动切除等高线穿过道路的部分。单击"切除穿高程注记等高线"，CASS 9.1 将自动搜寻，把等高线穿过注记的部分切除。

6.加注记

下面介绍如何在平行等外公路上加"经纬路"三个字。

用鼠标左键单击右侧屏幕菜单的"文字注记－通用注记"项，弹出如图 17 所示的界面。

首先在需要添加文字注记的位置绘制一条拟合的多功能复合线，然后在注记内容中输入"经纬路"并选择注记排列和注记类型，输入文字大小，单击"确定"后选择绘制的拟合的多功能复合线即可完成注记。

图 17 "文字注记信息"对话框

经过以上各步，生成的图就如图 1 所示。

7. 加图框

用鼠标左键单击"绘图处理"菜单下的"标准图幅(50×40)"，弹出如图 18 所示的界面。

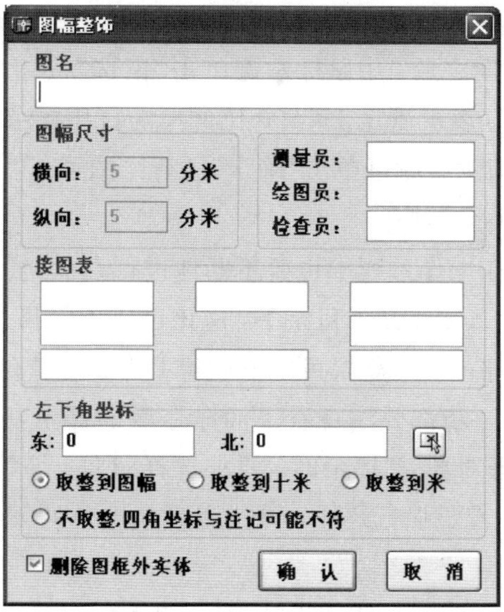

图 18 "图幅整饰"对话框

在"图名"栏里输入"建设新村"；在"左下角坐标"的"东"、"北"栏内分别输入"53073"、"31050"；选中"删除图框外实体"复选柱，然后按"确认"。这样这幅作就做好了，如图 19 所示。注：2007 版新图式，图框外已无"测量员、绘图员"信息。右下角只有"批注"。

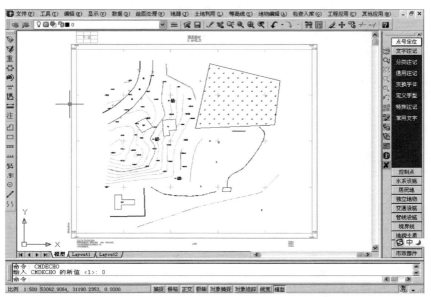

图 19 加图框

另外，可以将图框左下角的图幅信息更改成符合需要的字样，可以将图框和图章用户化。

8. 绘图输出

用鼠标左键单击"文件"菜单下的"用绘图仪或打印机出图"，进行绘图。

选好图纸尺寸、图纸方向之后，用鼠标左键单击"窗选"按钮，用鼠标圈定绘图范围。将"打印比例"一项选为"2∶1"（表示满足 1∶500 比例尺的打印要求），通过"部分预览"和"全部预览"可以查看出图效果，满意后就可单击"确定"进行绘图了。

在操作过程中要注意以下事项：

千万别忘了存盘（其实在操作过程中也要不断地进行存盘）。正式工作时，最好不要把数据文件或图形保存在 CASS 9.1 或其子目录下，应该创建工作目录。例如在 C 盘根目录下创建 DATA 目录存放数据文件，在 C 盘根目录下创建 DWG 目录存放图形文件。

在执行各项命令时，每一步都要注意看下面命令区的提示，当出现"命令："提示时，要求输入新的命令，出现"选择对象："提示时，要求选择对象，等等。当一个命令没执行完时最好不要执行另一个命令，若要强行终止，可按键盘左上角的 Esc 键或按 Ctrl＋C 键，直到出现"命令："提示为止。

在作图的过程中，要常常用到一些编辑功能，如删除、移动、复制、回退等。

有些命令有多种执行途径，如快捷工具按钮、下拉菜单或在命令行输入命令，可根据自己的喜好灵活选用。

附录 D 测量实训记录表格

表 1 水准测量记录表 1

班组：　　　　　　观测者：　　　　　　记录者：　　　　　　日期：

测站	测点	后视读数 /m	前视读数 /m	高差 /m	高程 /m	备注
$\sum$						
计算检核	$(\sum a - \sum b) =$ $\sum h =$					

表 2 水准测量记录表 2

班组：　　　　　　　观测者：　　　　　　　记录者：　　　　　　　日期：

测站	点号		视距/m		后视读数/mm	前视读数/mm	高差/m	高差中数/m	备注
	后		$s_后$						
	前		$s_前$						
	后		$s_后$						
	前		$s_前$						
	后		$s_后$						
	前		$s_前$						
	后		$s_后$						
	前		$s_前$						
	后		$s_后$						
	前		$s_前$						
	后		$s_后$						
	前		$s_前$						
	后		$s_后$						
	前		$s_前$						
	后		$s_后$						
	前		$s_前$						
	后		$s_后$						
	前		$s_前$						
	后		$s_后$						
	前		$s_前$						
	后		$s_后$						
	前		$s_前$						
	后		$s_后$						
	前		$s_前$						
	后		$s_后$						
	前		$s_前$						
	后		$s_后$						
	前		$s_前$						
	后		$s_后$						
	前		$s_前$						
	后		$s_后$						
	前		$s_前$						
	Σ						—		

表 3 水准测量记录表 3

班组：　　　　　　观测者：　　　　　　记录者：　　　　　　日期：

测点	水准尺读数/m			视线高程 /m	高程 /m	备注
	后视	中视	前视			

表 4　水准测量成果整理计算表

班组：　　　　　　　观测者：　　　　　　　记录者：　　　　　　　日期：

点号	测站数或距离	观测高差/m	高差改正数/m	改正后高差/m	高程/m	备注
Σ						
辅助计算						

表 5　水准仪的检验与校正

一、圆水准轴平行于竖轴

班组：　　　　　　观测者：　　　　　　记录者：　　　　　　日期：

转 180°检查的次数	气泡偏差数/mm

二、十字丝横丝垂直于竖轴

班组：　　　　　　观测者：　　　　　　记录者：　　　　　　日期：

检查的次数	误差是否显著

三、视准轴平行于水准管轴

班组：　　　　　　观测者：　　　　　　记录者：　　　　　　日期：

仪器在中点求正确高差			仪器在近尺端 A 点检验校正		
第一次	A 点尺上读数 a_1		第一次	A 点尺上读数 a	
	B 点尺上读数 b_1			B 点尺上应读数 $b(=a-h)$	
	$h_1=a_1-b_1$			B 点尺上实读数 b'	
第二次	A 点尺上读数 a_2			偏差值 $\Delta b=b-b'$	
	B 点尺上读数 b_2		第二次	A 点尺上读数 a	
	$h_2=a_2-b_2$			B 点尺上应读数 $b(=a-h)$	
平均高差	平均高差 $h=(h_1+h_2)/2$			B 点尺上实读数 b'	
				偏差值 $\Delta b=b-b'$	
			第三次	A 点尺上读数 a	
				B 点尺上应读数 $b(=a-h)$	
				B 点尺上实读数 b'	
				偏差值 $\Delta b=b-b'$	

表6 测回法水平角观测记录表 1

班组：　　　　　　　观测者：　　　　　　　记录者：　　　　　　　日期：

测站 点号	竖盘位置	目标 点号	水平度盘读数 /（ ° ′ ″）	半测回角值 /（ ° ′ ″）	一测回角值 /（ ° ′ ″）	备注 （略图）

表 7　测回法水平角观测记录表 2

班组：　　　　　　　　　　　　　　　　　　　　　　　　日期：

测站	测回	竖盘位置	目标	水平度盘读数 /(° ′ ″)	半测回角值 /(° ′ ″)	一测回角值 /(° ′ ″)	观测者记录者
		左					
		右					
		左					
		右					
		左					
		右					
		左					
		右					
		左					
		右					
		左					
		右					
观测略图							

表8 测回法水平角观测和距离测量记录表

班组：　　　　　　观测者：　　　　　　记录者：　　　　　　日期：

测站点号	竖盘位置	目标点号	水平读数 /(° ′ ″)	半测回角值 /(° ′ ″)	一测回角值 /(° ′ ″)	各测回平均值/m	水平距离 /m	水平距离一测回平均值 /m	水平距离各测回平均值 /m

表9 全圆方向法观测水平角记录

班组：　　　　　　观测者：　　　　　　记录者：　　　　　　日期：

测站	测回数	目标	水平度盘读数		2C/(″)	平均读数 /(° ′ ″)	归零方向值 /(° ′ ″)	归零方向值的 平均值/(° ′ ″)
			盘左/(° ′ ″)	盘右/(° ′ ″)				

观测略图

表 10　竖直角观测手簿

班组：　　　　　　　观测者：　　　　　　　记录者：　　　　　　　日期：

测站	目标	竖盘位置 /(° ′ ″)	竖盘读数 /(° ′ ″)	指标差 /(°)	半测回角值 /(° ′ ″)	一测回角值 /(° ′ ″)

表 11 竖直角观测及竖盘指标差的检验校正

一、熟悉仪器并写出公式

(1)视线水平,竖盘指标水准管气泡居中时的竖盘读数。

①盘左时是_____

②盘右时是_____

(2)转动望远镜,观察竖盘读数变化规律写出竖直角计算公式。

①盘左时是:$\alpha_左 = $ _____ $-$ _____

②盘右时是:$\alpha_右 = $ _____ $-$ _____

二、竖直角观测

班组:　　　　　　观测者:　　　　　　记录者:　　　　　　日期:

测站	目标	竖盘位置	竖盘读数 /(° ′ ″)	半测回竖直角 /(° ′ ″)	平均角值 /(° ′ ″)	指标差 /(″)	观测者
		左					
		右					
		左					
		右					
		左					
		右					
		左					
		右					
		左					
		右					
		左					
		右					
		左					
		右					
		左					
		右					
		左					
		右					

三、校正

仪器位置不动,转动竖直度盘指标水准管微动螺旋,并旋转到正确读数,此时该水准管气泡不居中,拨动指标水准管校正螺钉,使水准管气泡居中,反复进行以减小误差。

表 12 经纬仪的检验校正

班组：　　　　　　观测者：　　　　　　记录者：　　　　　　日期：

1. 一般检查	三脚架是否牢稳		螺旋洞等处是否清洁	
	水平轴及竖轴是否灵活		望远镜成像是否清晰	
	制动及微动螺旋是否有效		其　　　他	

2. 水准管轴垂直于竖轴	检验(即照准部转 180°)的次数	1	2	3	4	5
	气泡偏差之格数					

3. 十字丝竖丝垂直于水平轴	检验的次数	误差是否显著
	1	
	2	

4. 视准轴垂直于水平轴①	第一次检验	水 平 度 盘 读 数		第二次检验	水 平 度 盘 读 数	
		(盘左)a_1			(盘左)a_1	
		(盘右)a_2			(盘右)a_2	
		$a_2' = [(a_1 \pm 180°) + a_2]$			a_2'	
		$2C = [a_1 - (a_2 \pm 180°)]$			$2C$	

视准轴垂直于水平轴②	第一次检验	目标	横 尺 读 数		第二次检验	目标	横 尺 读 数	
			(盘左)b_1				(盘左)b_1	
			(盘右)b_2				(盘右)b_2	
			$1/4(b_2 - b_1)$				$1/4(b_2 - b_1)$	
			$b_2 - 1/4(b_2 - b_1)$				$b_2 - 1/4(b_2 - b_1)$	

5. 水平轴垂直于竖轴 (仪器距目标约 10 m)	检验次数	a、b 两点之间的距离
	1	
	2	

表 13 钢尺量距与定向记录

班组：　　　　　　　观测者：　　　　　　　记录者：　　　　　　　日期：

钢尺长 $l=$ _____ m

线段名称	观测次数	整尺段数 n	余尺读数 q/m	距离 $D=n \cdot l+q$ /m	平均距离 /m	相对精度 /mm	正反磁方位角 /(° ′ ″)	平均磁方位角 /(° ′ ″)
	往							
	返							
	往							
	返							
	往							
	返							
	往							
	返							
	往							
	返							
	往							
	返							
	往							
	返							
	往							
	返							
	往							
	返							
	往							
	返							
	往							
	返							
	往							
	返							
	往							
	返							
	往							
	返							
	往							
	返							
	往							
	返							

表 14 导线水平距离观测记录表

班别：　　　　组号：　　　　观测者：　　　　记录者：　　　　日期：

测站点号	镜站点号	水平距离/m	备注	导线略图

表15 视距测量观测手簿

班组： 观测者： 记录者： 日期：

测站点名称： 测站点高程： 测站点仪器高：

点号	上丝读数 /m	下丝读数 /m	尺间距 /m	中丝读数 /m	竖盘读数 L	竖直角 $\alpha_左=90°-L$	平距 /m	高差 /m	高程 /m

表 16 三、四等水准测量记录表

时　　间：　　年　月　日　　　　　　　　天气：　　　　　　成像：

仪器及编号：　　　　　　观测者：　　　　　　记录者：　　　　第　页

测站编号	点号	后尺	上丝 丝 下丝	前尺	上丝 下丝	方向及尺号	标尺读数/mm		K+黑一红/mm	高差中数/mm	备注
		后距/m		前距/m			黑	红			
		视距差 d		$\sum d$							
						后					
						前					
						后－前					
						后					
						前					
						后－前					
						后					
						前					
						后－前					
						后					
						前					
						后－前					
						后					
						前					
						后－前					
						后					
						前					
						后－前					

表 17 经纬仪碎部测量记录表

测站点：　　　　测站高程：　　　　仪器高：　　　　后视点：　　　　日期：

测点	水平角 /(° ′ ″)	上丝 /m	下丝 /m	中丝 /m	视距 /m	垂直角 /(° ′ ″)	水平距离 /m	高差 /m	高程 /m

表18 水平角测设

班组：　　　　　　观测者：　　　　　记录者：　　　　　日期：

一、测设水平角数据表					
测站	设计角值 /(° ′ ″)	竖盘位置	目标	平盘读数 /(° ′ ″)	备 注
		左			
		右			
		左			
		右			
		左			
		右			
		左			
		右			

二、水平角检查测量						
测站	竖盘	目标	平盘读数 /(° ′ ″)	角值 /(° ′ ″)	平均角值 /(° ′ ″)	备 注
		左				
		右				
		左				
		右				

表19 已知高程的测设

班组：　　　　　　观测者：　　　　　　记录者：　　　　　　日期：

测点	水准点号	水准点高程/m	后视/m	视线高程/m	测点编号	设计标高/m	桩顶应读数/m	桩顶实读数/m	桩顶填挖尺数/m	备注

表20 圆曲线测设记录计算表

班组：　　　　　　　观测者：　　　　　　　记录者：　　　　　　　日期：

一、圆曲线元素计算			
交点 JD/m		切线长 T/m	
转折角 p/(° ′ ″)		曲线长 L/m	
偏角 α/(° ′ ″)		外距 E/m	
曲线半径 R/m		切曲差 D/m	

二、圆曲线细部点偏角法测设数据计算			
曲线里程桩号	相邻桩点弧长 Z/m	偏角 Δ/(° ′ ″)	弦长 C/m	相邻桩点弦长 C/m

表 21 导线坐标计算表

班组：　　　　　　　计算者：　　　　　　检核者：　　　　　　日期：

点号	角度观测值 /(° ′ ″)	改正数 /(″)	改正后角度 /(° ′ ″)	方位角 /(° ′ ″)	水平距离/m	坐标增量		改正后坐标增量		坐 标		点号
						ΔX/m	ΔY/m	ΔX/m	ΔY/m	X/m	Y/m	
Σ												
辅助计算									导线略图：			

表22 全站仪导线测量记录表

观测日期：　　　　仪器型号：　　　　观测者：　　　　记录者：

测站 仪器高	测回	测点 目标高 /m	盘位	水平度 盘读数 /(° ′ ″)	角度值 /(° ′ ″)	测回平 均角度 /(° ′ ″)	竖盘读数 /(° ′ ″)	指标 差 /(″)	垂直 角 /(° ′ ″)	水平 距离 /m	平距 均值 /m	高差 /m	高差 改正 /m

表 23 全站仪观测手簿 1

日期： 时间： 仪器型号： 观测者： 记录者： 检核者：

测站	目标	水平方向值/(°′″)		2c /(″)	平均值 /(°′″)	方向值 /(°′″)	各测回平均方向值 /(°′″)	水平距离 /m	平均水平距离/m
		左	右						

表 24　全站仪观测手簿 2

日期:　　　时间:　　　仪器型号:　　　观测者:　　　记录者:　　　检核者:

测站	目标	水平方向值 /(° ′ ″)		2c /(″)	平均值 /(° ′ ″)	方向值 /(° ′ ″)	水平 距离/m	垂直角观测 /(° ′ ″)		指标差 /(″)	垂直角 /(° ′ ″)	站标高 /m
		左	右					左	右			

附录 E　测量实训报告

实训报告一　水准仪的认识和使用

实训时间：　　　　　　　　班组：　　　　　　　　姓名：

一、填空

1. 安置仪器后，转动（　　　　　）使圆水准等气泡居中，转动（　　　　　）看清十字丝，通过（　　　　　）瞄准水准尺，转动（　　　　　）精确照准水准尺，转动（　　　　　）消除视差，转动（　　　　　）使符合水准气泡居中，最后读数。

2. 消除视差的步骤是转动（　　　　　）使（　　　　　）清晰，再转动（　　　　　）使（　　　　　）清晰。

二、实验记录计算

1. 记录水准尺上黑面中丝读数（表1）

表1　水准尺上黑面中丝读数

A 尺/mm	B 尺/mm	C 尺/mm

2. 计算

(1) A 点比 B 点（高、低）（　　　　　）m。

(2) A 点比 C 点（高、低）（　　　　　）m。

(3) B 点比 C 点（高、低）（　　　　　）m。

(4)假设 C 点的高程 $H_C=($ $)$m，求 A 点和 B 点的高程 $H_A=($ $)$m，$H_B=($ $)$m，水准仪的视线高 $H_i=($ $)$m。

3. 双面水准尺中丝读数练习记录(表2)

表 2　双面水准尺中丝读数

测站	点号		后视读数/mm	前视读数/mm	高差/mm	读数差/mm
		黑面				
		红面				
		黑面				
		红面				
		黑面				
		红面				
		黑面				
		红面				
		黑面				
		红面				
		黑面				
		红面				
		黑面				
		红面				
		黑面				
		红面				
		黑面				
		红面				
		黑面				
		红面				
		黑面				
		红面				
		黑面				
		红面				
		黑面				
		红面				
		黑面				
		红面				
		黑面				
		红面				
		黑面				
		红面				

实训报告二 普通水准测量

实训时间：   班组：   姓名：

一、普通水准测量记录及高差计算

实训数据记入表 1，并进行高差计算，检核高差总和无误。

表 1 水准测量记录

测站	点号		视距/m	后视读数/mm	前视读数/mm	高差/m	高差中数/m	备注
	后		$s_后$					
	前		$s_前$					
	后		$s_后$					
	前		$s_前$					
	后		$s_后$					
	前		$s_前$					
	后		$s_后$					
	前		$s_前$					
	后		$s_后$					
	前		$s_前$					
	后		$s_后$					
	前		$s_前$					
	后		$s_后$					
	前		$s_前$					
	后		$s_后$					
	前		$s_前$					
	后		$s_后$					
	前		$s_前$					
	后		$s_后$					
	前		$s_前$					
	后		$s_后$					
	前		$s_前$					
Σ						—		

二、待定点高程计算

根据表1计算，将结果填入表2，求待定点高程。

表2　待定点高程计算

点号	距离	测站数	高　差/m			高　程/m	备　注
			观测值	改正数	平差值		
辅助计算							

实训报告三　微倾式水准仪的检验与校正

仪器型号编号：　　　　　　实训时间：　　　　　　班组：　　　　　　姓名：

一、一般性检验记录(表1)

表1　一般性检验记录

检验项目	检验结果
三脚架是否牢固	
脚螺旋是否有效	
制动与微动螺旋是否有效	
微倾螺旋是否有效	
对光螺旋是否有效	
望远镜成像是否清晰	

二、圆水准器平行于竖轴的检验校正记录(图1)

整平并转180°后气泡位置　　　　　　　　校正后气泡位置

图1　气泡位置

三、十字丝横丝垂直于竖轴的检验校正记录

请在图2中给出十字丝横丝与目标的位置关系。

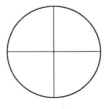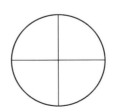

检验前位置　　　　　　　　　　检验后位置

图2　十字丝横丝与目标的位置关系

四、视准轴平行于水准管轴的检校记录(表2)

表2 视准轴平行于水准管轴的检校记录

仪器位置	项目	第一次/mm	第二次/mm	第三次/mm
在中点 测高差/m	A 点尺上读数 a_1			
	B 点尺上读数 b_1			
	$h'_{AB}=b_1-a_1$			
	平均高差 h_{AB}			
在 A 点 附近检验/m	A 点尺上读数 a_2			
	B 点尺上读数 b_2			
	$b'_2=a_2+h_{AB}$			
	$\Delta b_2=b_2-b'_2$			
	$i=\dfrac{|b_2-b'_2|}{D_{AB}}\rho''$			

实训报告四　经纬仪的使用与测回法观测水平角

实训时间：　　　　　　班组：　　　　　　姓名：

一、安置经纬仪的基本操作

二、经纬仪主要操作部件的认识(按图1填表1)

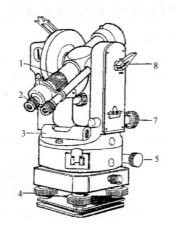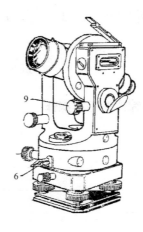

图1 DJ₆级经纬仪

表1 各操作部件名称及其作用

序号	操作部件名称	作　　用
1		
2		
3		
4		
5		
6		
7		
8		
9		

三、写出配置水平度盘为 90°的方法

_____

_____

_____

_____

_____

_____

_____

四、在表 2 中写出图 2 分微尺测微法的角度值

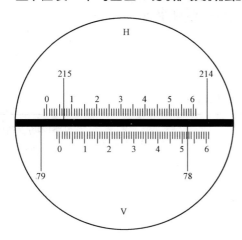

图 2　微尺测微法的角度值

水平角角度值_____

竖直角角度值_____

表 2　测回法测水平角记录

测站	目标	竖盘位置	水平度盘读数 /(° ′ ″)	半测回角值 /(° ′ ″)	一测回角值 /(° ′ ″)	备 注

实训报告五　全圆方向法观测水平角

实训时间：　　　　　　　班组：　　　　　　　姓名：

方向观测法水平角观测记录

测站	测回数	目标	水平度盘读数/(° ′ ″)		2c/(″)	平均读数/(″)	归零方向值/(″)	归零方向值的平均值/(° ′ ″)
			盘左	盘右				

观测略图：

实训报告六 竖直角观测

实训时间： 班组： 姓名：

一、绘出所使用的经纬仪竖盘示意图，并写出其竖直角、指标差计算公式

二、竖直角观测记录表格（表1）

表1 竖直角观测结果

测站及仪器高	测回	目标及高度	盘左观测值/(° ′ ″)	盘右观测值/(° ′ ″)	指标差/(″)	竖直角/(° ′ ″)	竖直角平均值/(° ′ ″)

实训报告七　DJ₂级光学经纬仪的使用

实训时间：　　　　　　　班组：　　　　　　　姓名：

一、列出 DJ₂级光学经纬仪与 DJ₆级光学经纬仪不同的操作部件名称

二、读取图 1 和图 2 角度值

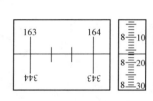

图 1　　　　　　　　　　　　　　　图 2

角度值：＿＿＿＿＿＿＿＿　　　　　　　角度值：＿＿＿＿＿＿＿＿

三、测回法观测水平角(表 1)

表 1　测回法测水平角记录

测站	目标	竖盘位置	水平度盘读数 /(° ′ ″)	半测回角值 /(° ′ ″)	一测回角值 /(° ′ ″)	备　注

实训报告八 经纬仪的检验与校正

仪器型号与编号：　　　　　　实训时间：　　　　　班组：　　　　　姓名：

一、一般性检验记录(表1)

表1　一般性检验记录

检 验 项 目	检 验 结 果
三脚架是否牢固	
脚螺旋是否有效	
水平制动与微动螺旋是否有效	
望远镜制动与微动螺旋是否有效	
照准部转动是否灵活	
望远镜转动是否灵活	
望远镜成像是否清晰	

二、照准部水准管轴垂直于竖轴的检验记录

标出检验前后气泡位置。

三、十字丝竖丝垂直于横轴的检验记录

绘出十字丝与目标点的位置关系。

四、视准轴垂直于横轴的检验校正记录

方法一：照准远处与仪器同高点 A 进行盘左观测，水平度盘读数 $\alpha_左 = \underline{\hspace{3cm}}$ ；盘右再瞄准 A 点，水平度盘读数 $\alpha_右 = \underline{\hspace{3cm}}$ 。

盘右位置正确水平度盘读数 $\alpha'_右 = \frac{1}{2}[\alpha_右 \pm (\alpha_左 \pm 180°)] = \underline{\hspace{3cm}}$ 。

视准误差 $\qquad C = \frac{1}{2}[\alpha_左 - (\alpha_右 \pm 180°)] = \underline{\hspace{3cm}}$ 。

方法二：填写检验记录(表2)。

表2 检验记录(1)

目 标	项 目	第一次	第二次
横尺读数	盘左 B_1		
	盘右 B_2		
	$\dfrac{B_2-B_1}{4}$		
	$B_3 = B_2 - \dfrac{1}{4}(B_2 - B_1)$		

五、横轴垂直于竖轴的检验记录

在离建筑物 10 m 处安置仪器，盘左瞄准墙上高目标点标志 M(垂直角大于30°)，将望远镜放平，十字丝交点投在墙上定出 m_1 点。盘右瞄准 M 点同法定出 m_2 点。若 m_1、m_2 点重合，则说明此条件满足，若 $m_1 m_2 > 5$ mm，则需要校正(图1)。由于仪器横轴是密封的，故该项校正应由专业维修人员进行。检验记录见表3。

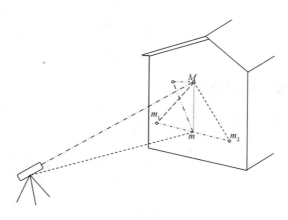

图1 横轴垂直于竖轴的检验

表 3 检验记录(2)

项目	第一次	第二次
m_1m_2距离		

实训报告九 四等水准测量

实训时间：   班组：   姓名：

四等水准测量记录表

测站编号	后视尺	下丝	前视尺	下丝	方向及尺号	标尺读数/mm		K＋黑一红/mm	高差中数/m	备注
		上丝		上丝		黑面	红面			
	后视距/m		前视距/m							
	视距差 d		$\sum d$							
					后					
					前					
					后—前					
					后					
					前					
					后—前					
					后					
					前					
					后—前					
					后					
					前					
					后—前					
					后					
					前					
					后—前					
					后					
					前					
					后—前					

高程计算用表

序号	点名	高差观测值 /m	测段长 /m	测站数	高差改正 /m	改正后的高差 /m	高程 /m

辅助计算

实训报告十　经纬仪测绘法碎部测量

实训时间：　　　　　　　　班组：　　　　　　　　　　　姓名：

碎部测量记录表

测站：　　　　　　　测站高程：　　　　　　　仪器高：

点名	视距/m	中丝/m	竖盘读数/(° ′ ″)	竖直角/(° ′ ″)	水平角/(° ′ ″)	水平距离/m	高程/m

实训报告十一　测设点的平面位置和高程

实训时间：　　　　　　　　班组：　　　　　　　　姓名：

一、放样示意图

二、放样数据准备

点　名	X 坐标/m	Y 坐标/m	高程/m	填挖值/m	备注

三、极坐标法测设数据计算

$\tan\alpha_{A1} =$ 　　　　　　　　　　$\alpha_{A1} =$

$\tan\alpha_{A2} =$ 　　　　　　　　　　$\alpha_{A2} =$

$d_{A1} =$ 　　　　　　　　　　　　　$d_{A2} =$

$\beta_1 = \alpha_{AB} - \alpha_{A1} =$ 　　　　　　　$\beta_2 = \alpha_{AB} - \alpha_2 =$

测设后经检查，点 1 与点 2 的距离：

与已知值 $d_{12} =$ 　　　相差：$\Delta d =$

四、高程放样数据计算

控制点 A 的高程 H_A，可结合放样场地情况，自己假设 $H_A =$ 　　　　　　　。

计算前视尺读数：

$$b_1 = H_A + a_1 - H_1 =$$
$$b_2 = H_A + a_2 - H_2 =$$

测设后经检查，1 点和 2 点高差：

$$h_{12} =$$

实训报告十二 GPS 在工程测量中的应用

实训时间：　　　　班级：　　　　组别：　　　　姓名：

一、GPS 控制网的技术设计

1. 布网范围

2. 布网方案及网形设计

3. 精度标准

4. 坐标系统与起算数据

5. GPS 点的高程

二、GPS 测量的外业实施

三、成果检核与数据处理

附录 F 《建筑工程测量》练习题

第 1 篇 建筑工程测量基础知识

第 1 章 测量学基础知识

一、填空题

1. 测量学是研究地球的_____和_____，测定地面点的_____和_____，将地球表面形状及其他地理信息测绘成地形图的科学。

2. 测量学主要包括_____和_____两个方面的内容。

3. _____和_____是测量外业所依据的基准面和基准线。

4. 利用高斯投影法建立的平面直角坐标系，称为_____坐标系。

5. _____测量、_____测量和_____测量是测量工作的基本内容。

二、选择题

1. 将图纸上设计好的点的平面位置和高程用测量仪器和设备在地面上标定出来，为后续的施工建设服务，此项工作称为（   ）。

    A. 测设   B. 测定   C. 测绘   D. 测图

2. 研究工程建设在勘察设计、施工建设、运营管理各阶段中进行的测量工作的理论和方法的学科，是（   ）。

    A. 大地测量学   B. 地形测量学   C. 工程测量学   D. 地图制图学

3. 建筑工程测量的主要任务包括（   ）。

    A. 测绘大比例尺地形图   B. 施工放样和竣工测量

    C. 变形观测   D. 以上都是

三、简答题

1. 什么是大地水准面？什么是地球椭球面？

2. 简述用水平面代替水准面的限度。

3. 简述测量工作的程序和基本原则。

四、计算题

已知地面 A、B 两点的高程分别为：$H_A = 43.506$ m、$H_B = 58.952$ m，分别计算由 A 点

到 B 点的高差 h_{AB} 和由 B 点到 A 点的高差 h_{BA}。

第2章　直线定向

一、填空题

1. 确定直线方向与标准方向之间的角度关系，称为_____。

2. 在测量工作中，一般采用_____、_____和_____作为标准方向。

3. 地球的地磁南北极与地理南北极的夹角称为_____；坐标纵轴方向与真子午线方向的夹角称为_____；磁子午线方向和坐标纵轴方向的夹角称为_____。

4. 方位角是以_____为起始方向，沿_____旋转到该直线的_____。方位角的取值范围是_____。

5. 从标准方向的北端或南端起，顺时针或逆时针至某直线的锐角，并注出象限名称，称为_____。

6. 正反坐标方位角，两者相差_____。

二、简答题

1. 简述坐标方位角与象限角的关系。

2. 简述坐标方位角的推算。

三、计算题

已知 AB 边的坐标方位角为 $135°36'00''$，观测的转折角如图所示，试计算 DE 边的坐标方位角。

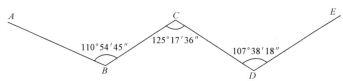

第3章　测量误差基本知识

一、填空题

1. 某一被测量对象的真实值与测量值之差称为_____。

2. 测量误差产生的原因有多种，可概括为_____、_____和_____三个方面，这三方面的综合，称为_____。

3. 各种因素引起的测量误差，按其对观测结果影响的性质，可分为_____和_____两类。

4. 常用的衡量测量精度的标准有_____、_____和_____。

二、简答题

1. 简述测量误差产生的原因。

2. 简述偶然误差的特性。

三、计算题

在相同的观测条件下观测一个水平角四个测回，分别为 $67°31'24''$、$67°31'18''$、$67°30'54''$ 和 $67°31'08''$，试求：

(1)一测回观测值的中误差；

(2)算术平均值及其中误差。

第 2 篇　测量仪器及使用

第 4 章　水准仪

一、填空题

1. 水准测量所使用的仪器和工具是_____、_____和_____。

2. 水准仪的使用程序包括安置仪器、_____、_____、_____和读数。

3. 水准路线主要有闭合水准路线、_____和_____三种。

4. 水准测量的误差主要有_____、_____和外界条件的影响误差。

二、选择题

1. 水准仪应满足的几何条件有(　　　)。

　　A. 圆水准器轴 $L'L'$ 应平行于仪器的竖轴 VV

　　B. 十字丝的中丝(横丝)应垂直于仪器的竖轴

　　C. 水准管轴 LL 平行于视准轴 CC

　　D. 以上都是

2. 水准测量的仪器误差有(　　　)。

　　A. 视准轴与水准管轴不平行引起的误差

　　B. 调焦引起的误差

　　C. 水准尺的误差

　　D. 以上都是

3. 水准测量的观测误差有(　　　)。

　　A. 水准管气泡居中误差　　　　　　　　B. 估读的误差

　　C. 水准尺倾斜的误差　　　　　　　　　D. 以上都是

4. 以下不属于水准测量外界条件的影响误差的是(　　　)。

　　A. 仪器下沉和水准尺下沉的误差　　　　B. 地球曲率和大气折光的误差

　　C. 水准尺倾斜的误差　　　　　　　　　D. 温度对仪器的影响

三、简答题

1. 简述水准测量注意事项。

2. 简述普通水准测量的施测方法。

四、计算题

1. 填表计算闭合水准路线的观测成果。

点号	测站数	实测高差/m	改正数/mm	改正后高差/m	高程/m
A					30.666
1	2	−2.687			
2	1	0.426			
3	3	3.121			
4	1	0.919			
A	2	−1.760			30.666
检核					

2. 已知 BM_1 点的高程为 1214.216 m，BM_2 点的高程为 1 222.450 m，附合水准路线观测数据如图所示，计算 A、B、C 三点的高程。

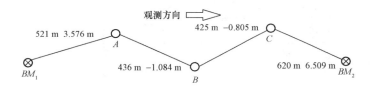

第5章　经纬仪

一、填空题

1. 角度测量包括＿＿＿＿测量和＿＿＿＿测量。

2. 地面上某点到两目标的方向线铅垂投影在水平面上所成的角度，称为＿＿＿＿，取值范围是＿＿＿＿。

3. 在同一竖直面内，地面某点至目标的方向线与水平视线间的夹角，称为＿＿＿＿；其取值范围是＿＿＿＿。

4. 经纬仪的使用包括＿＿＿＿、＿＿＿＿、＿＿＿＿和＿＿＿＿。

5. 常用的水平角观测方法有＿＿＿＿和＿＿＿＿。

二、简答题

1. 简述测回法水平角观测的基本步骤。

2. 简述方向观测法水平角观测的基本步骤。

3. 简述竖直角观测的基本步骤。

4. 什么是竖盘指标差？如何计算？

5. 经纬仪的主要轴线之间应满足什么条件?

6. 角度测量应该注意什么事项?

三、计算题

1. 用 DJ₆ 级经纬仪按方向观测法观测水平角,完成表中各项观测计算。

测站	测回数	目标	盘左	盘右	2C	平均读数	归零后方向值	各测回归零后方向平均值	角值
O	1	A	0°02′06″	180°02′00″					
		B	51°15′42″	231°15′30″					
		C	131°54′12″	311°54′00″					
		D	182°02′24″	2°02′24″					
		A	0°02′12″	180°02′06″					
		Δ							
O	2	A	90°03′30″	270°03′24″					
		B	141°17′00″	321°16′54″					
		C	221°55′42″	41°55′30″					
		D	272°04′00″	92°03′54″					
		A	90°03′36″	270°03′36″					
		Δ							

2. 用 DJ₆ 级经纬仪按测回法观测水平角,完成表中各项观测计算。

测回	竖盘位置	目标	水平度盘读数	半测回角值	一测回角值	各测回平均值	备注
1	左	A	0°03′12″				
		B	88°20′48″				
	右	A	180°03′30″				
		B	286°21′12″				
2	左	A	90°06′12″				
		B	178°19′36″				
	右	A	270°06′36″				
		B	358°20′00″				

3. 用 DJ₆ 级经纬仪观测竖直角,完成表中各项观测计算。盘左视线水平时指标读数为 90°,仰起望远镜读数减小。

测站	目标	竖盘位置	竖盘读数	半测回竖直角	指标差	一测回竖直角	备注
O	A	左	68°18′24″				
		右	291°42′00″				
	B	左	91°32′42″				
		右	268°27′30″				

第6章　距离测量

一、填空题

1. 两点间的距离是指两点之间的_____，包括_____和_____。

2. 距离测量的方法主要有_____、_____、_____等。

3. 根据精度要求不同，直线定线可分为_____和_____。

4. 电磁波测距仪按采用的载波不同，可分为_____（用微波段的无线电波作为载波）和_____（用激光或红外光作为载波）。

二、简答题

1. 钢尺量距的误差来源主要有几种？

2. 钢尺量距的注意事项有哪些？

3. 普通视距测量的观测与计算有哪些步骤？

4. 普通视距测量误差有哪些？

5. 普通视距测量的注意事项有哪些？

三、计算题

用钢尺往、返测量 A、B 间的距离分别为 125.092 m 和 125.105 m，试评定其精度。

第7章　全站仪

一、简答题

1. 全站仪作为一种先进的电子测量仪器，具有哪些特点？

2. 全站仪的基本功能有哪些？

3. 全站仪在使用中应注意哪些事项？

4. 全站仪应如何维护？

5. 全站仪由哪些部分组成？

第8章　全球定位系统(GPS)

一、填空题

1. 目前,世界上三个成熟的卫星导航系统是_____、_____和_____。

2. 美国的GPS系统由_____、_____和_____三部分组成。

3. GPS测量有_____和_____两种基本的观测量。

4. GPS定位的方法,按定位时GPS接收机所处的状态,可分为_____和_____;按定位的结果,又可分为_____和_____。

5. 根据用途不同,GPS网的基本构网方式有_____、_____、_____和边点混合连接四种。

二、选择题

1. GPS空间系统由(　　)颗工作卫星和3颗备用卫星组成,均匀地分布在倾角为55°的6个轨道上。

　　A. 20　　　　　　　B. 21　　　　　　　C. 22　　　　　　　D. 23

2. GPS测量的各种误差中,同信号传播有关的误差包括(　　)。

　　A. 卫星轨道误差和卫星钟差　　　　B. 接收钟差

　　C. 电离层误差和对流层误差　　　　D. 周跳、接收机噪声和多路径误差

3. GPS测量外业工作主要包括(　　)。

　　A. 选点　　　　B. 建立标志　　　　C. 野外观测作业　　　D. 以上都是

4. GPS测量内业工作主要包括(　　)。

　　A. GPS控制网技术设计　　　　B. 数据处理

　　C. 技术总结　　　　　　　　　D. 以上都是

三、简答题

1. 简述GPS系统组成。

2. 进行GPS网形设计时,应注意什么问题?

3. 简述GPS测量的实施过程。

第3篇　大比例尺地形图测绘及应用

第9章　小地区控制测量

一、选择题

1. 导线的布设形式有(　　)。

　　A. 一级导线、二级导线、图根导线

B. 单向导线、往返导线、多边形导线

C. 闭合导线、附合导线、支导线

2. 导线测量的外业作业是(　　)。

    A. 选点、测角、量边

    B. 埋石、造标、绘草图

    C. 距离丈量、水准测量、角度测量

3. 常用的交会定点方式有(　　)。

    A. 侧方交会、距离交会

    B. 前方交会、距离交会

    C. 距离交会、后方交会

4. 导线测量角度闭合差的调整方法是将闭合差反符号后(　　)。

    A. 按角度大小成正比例分配

    B. 按角度个数平均分配

    C. 按边长成正比例分配

5. 若两点 C、D 间的坐标增量 Δx 为正，Δy 为负，则直线 CD 的坐标方位角位于第(　)象限。

    A. Ⅰ   B. Ⅱ   C. Ⅲ   D. Ⅳ

二、填空题

1. 设 A、B 两点的纵坐标分别为 500 m、400 m，则纵坐标增量 $\Delta x_{AB} =$ _____

2. 设 A、B 两点的横坐标分别为 400 m、600 m，则横坐标增量 $\Delta y_{BA} =$ _____

3. 设有闭合导线 $ABCD$，算得纵坐标增量为 $\Delta x_{AB} = +100.04$ m，$\Delta x_{CB} = +50$ m，$\Delta x_{CD} = -100.02$ m，$\Delta x_{AD} = -50.01$ m，则纵坐标增量闭合差 $f_x =$ _____。

4. 已知一导线横坐标增量闭合差为 -0.08 m，纵坐标增量闭合差为 $+0.06$ m，导线全长为 400.05 m，则该导线的全长相对闭合差为 _____。

5. 地面上有 A、O、B 三点，O 为转角点，已知 OB 边的坐标方位角为 $125°35'$，又测得左夹角为 $69°24'$，则 OA 边的坐标方位角为 _____。

6. 地面上有 A、B、C 三点，三点为导线形式分布，已知 AC 边的坐标方位角为 $55°23'$，又测得左夹角为 $89°34'$，则 CB 边的坐标方位角为 _____。

7. 设 AB 距离为 120.23 m，方位角为 $131°23'36''$，则 AB 的 x 坐标增量为 _____ m，y 坐标增量为 _____ m。

三、名词解释

1. 测量控制网

2. 控制点

3. 平面控制点

4. 高程控制点

5. 控制测量

6. 导线测量

7. 导线点

8. 闭合导线

9. 附合导线

10. 支导线

11. 导线角度闭合差

12. 导线全长闭合差

13. 导线相对闭合差

14. 前方交会

15. 图根点

16. 碎部点

四、简答题

1. 什么叫小地区控制网？

2. 什么叫图根控制点？什么叫图根控制测量？

3. 选择测图控制点(导线点)应注意哪些问题？

4. 用公式 $R_{AB} = \arctan \dfrac{\Delta y_{AB}}{\Delta x_{AB}}$ 计算出的象限角 R_{AB}，如何将其换算为坐标方位角 α_{AB}？

5. 导线坐标计算的一般步骤是什么？

6. 简要说明布设测量控制网应遵循的原则。

7. 何谓坐标正算？何谓坐标反算？

五、计算题

1. 某闭合导线，其横坐标增量总和为 -0.35 m，纵坐标增量总和为 $+0.46$ m，如果导线总长度为 1 216.38 m，试计算导线全长相对闭合差和边长每 100 m 的坐标增量改正数。

2. 已知四边形闭合导线内角的观测值见表，并且在表中计算：(1)角度闭合差；(2)改正后角度值；(3)推算出各边的坐标方位角。

点号	角度观测值(右角) /(° ′ ″)	改正数 /(″)	改正后角值 /(° ′ ″)	坐标方位角 /(° ′ ″)
1	112 15 23			123 10 21
2	67 14 12			
3	54 15 20			
4	126 15 25			
$\sum$				

$$\sum \beta = \qquad\qquad\qquad\qquad f_\beta =$$

3. 已知图中 AB 的坐标方位角，观测了图中四个水平角，试计算边长 $B \rightarrow 1$，$1 \rightarrow 2$，$2 \rightarrow 3$，$3 \rightarrow 4$ 的坐标方位角。

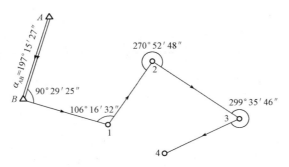

4. 已知 $\alpha_{AB} = 89°12'01''$，$x_B = 3\,065.347$ m，$y_B = 2\,135.265$ m，坐标推算路线为 $B \rightarrow 1 \rightarrow 2$，测得坐标推算路线的右角分别为 $\beta_B = 32°30'12''$，$\beta_1 = 261°06'16''$，水平距离分别为 $D_{B1} = 123.704$ m，$D_{12} = 98.506$ m，试计算 1、2 点的平面坐标。

5. 下图为某支导线的已知数据与观测数据，试在表格中计算 1、2、3 点的平面坐标。

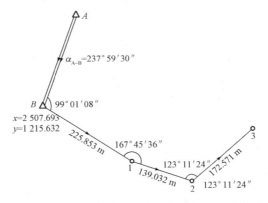

点名	水平角	方位角	水平距离	Δx	Δy	x	y
	° ′ ″	° ′ ″	m	m	m	m	m
A		237 59 30					
B	99 01 08		225.853			2 507.693	1 215.632
1	167 45 36		139.032				
2	123 11 24		172.571				
3							

6. 已知 1、2、3、4、5 五个控制点的平面坐标列于下表，试计算出方位角 α_{31}、α_{32}、α_{34} 与 α_{35}，计算取位到秒。

点名	X/m	Y/m	点名	X/m	Y/m
1	4 957.219	3 588.478	4	4 644.025	3 763.977
2	4 870.578	3 989.619	5	4 730.524	3 903.416
3	4 810.101	3 796.972			

7. 已知：$\alpha_{12}=30°$，各观测角 β 如图，求各边坐标方位角 α_{23}、α_{34}、α_{45}、α_{51}。

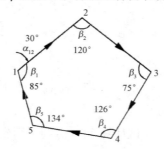

8. 下图中，已知 $\alpha_{AM}=332°10'20''$，水平角 β_A、β_1、β_2、β_3 分别为 $82°22'30''$、$225°17'30''$、$215°37'10''$、$157°59'30''$，求各未知边的坐标方位角。

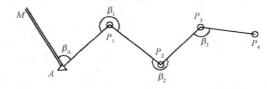

第 10 章　地形图基本知识

一、填空题

1. 地球表面的形态归纳起来,可分为_____和_____两大类。

2. 按表示方法的不同,比例尺又分为_____和_____等形式。

3. 相邻等高线之间的水平距离称为_____。

4. 相邻高程点连接的光滑曲线称为_____,等高距是_____。

5. 等高线的种类有_____、_____、_____、_____。

6. 测绘地形图时,碎部点的高程注记在点的_____侧、字头应_____。

7. 测绘地形图时,对地物应选择_____立尺、对地貌应选择_____立尺。

8. 等高线应与山脊线及山谷线_____。

9. 绘制地形图时,地物符号分_____、_____和_____。

10. 测图比例尺越大,表示地表现状越_____。

11. 典型地貌有_____、_____、_____、_____。

12. 试写出下列地物符号的名称：⊖_____，⊕_____，△_____，◎_____，⊕

_____，⊗_____，◉_____，⊜_____，⌾_____，⚯_____，⊥_____，⊔_____，

_____，⊤⊤⊤⊤_____，——○——_____，-×——×-_____，⊤⊤⊤⊤_____，

_____，⊤⊤⊤⊤_____，-+——+-_____，○·····○_____，⚡_____，⚡_____，

_____，⌾_____，⌾_____，↓_____。

13. 山脊的等高线应向_____方向凸出，山谷的等高线应向_____方向凸出。

14. 地形图比例尺的定义是_____之比。

15. 首曲线是按基本等高距测绘的等高线，在图上应用_____宽的细实线绘制。

16. 计曲线是从 0 m 起算，每隔四条首曲线加粗的一条等高线，在图上应用_____宽的粗实线绘制。

17. 间曲线是按 1/2 基本等高距加绘的等高线，应用 0.15 mm 宽的_____绘制，用于坡度很小的局部区域可不闭合。

二、选择题

1. 下列四种比例尺地形图，比例尺最大的是（   ）。

   A. 1∶5 000　　　　B. 1∶2 000　　　　C. 1∶1 000　　　　D. 1∶500

2. 在地形图上有高程分别为 26 m、27 m、28 m、29 m、30 m、31 m、32 m 的等高线，则需加粗的等高线为（   ）m。

   A. 26、31　　　　B. 27、32　　　　C. 29　　　　D. 30

3. 按照 1/2 基本等高距加密的等高线是（   ）。

   A. 首曲线　　　B. 计曲线　　　C. 间曲线　　　D. 肋曲线

4. 下面说法错误的是（   ）。

   A. 等高线在任何地方都不会相交　　　　B. 等高线一定是闭合的连续曲线

   C. 同一等高线上的点的高程相等　　　　D. 等高线与山脊线、山谷线正交

5. 同一幅地形图内，等高线平距越大，表示（   ）。

   A. 等高距越大　　B. 地面坡度越陡　　C. 等高距越小　　D. 地面坡度越缓

6. 比例尺分别为 1∶1 000、1∶2 000、1∶5 000 地形图的比例尺精度分别为（   ）。

   A. 1 m、2 m、5 m　　　　　　　　B. 0.001 m、0.002 m、0.005 m

   C. 0.01 m、0.02 m、0.05 m　　　　D. 0.1 m、0.2 m、0.5 m

7. 接图表的作用是（   ）。

   A. 表示本图的边界线或范围　　　　B. 表示本图的图名

   C. 表示本图幅与相邻图幅的位置关系　　D. 表示相邻图幅的经纬度

8. 下列比例尺地形图中，比例尺最小的是（   ）。

   A. 1∶2 000　　　B. 1∶500　　　C. 1∶10 000　　　D. 1∶5 000

9. 山脊线也称（   ）。

   A. 示坡线　　　B. 集水线　　　C. 山谷线　　　D. 分水线

10. 1∶2 000 地形图的比例尺精度是（   ）。

A. 0.2 cm   B. 2 cm   C. 0.2 m   D. 2m

11. 地形图的比例尺用分子为 1 的分数形式表示时，（   ）。

    A. 分母大，比例尺大，表示地形详细

    B. 分母小，比例尺小，表示地形概略

    C. 分母大，比例尺小，表示地形详细

    D. 分母小，比例尺大，表示地形详细

三、简答题

1. 什么叫地物、地貌、地形？

2. 比例尺精度是如何定义的？有何作用？

3. 等高线有哪些特性？

4. 地貌判读：找出下面图中代表山顶、鞍部、凹地、山脊线（需画出来）、山谷线（需画出来）的位置（用文字及箭头表示）。

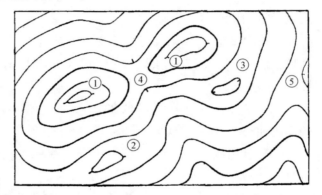

5. 地形图比例尺的表示方法有哪些？国家基本比例尺地形图有哪些？何为大、中、小比例尺？

6. 测绘地形图前，如何选择地形图的比例尺？

7. 地物符号分为哪些类型？各有何意义？

8. 等高线、等高距、等高线平距是如何定义的？等高线可以分为哪些类型？如何定义与绘制？

第11章　大比例尺地形图测绘

一、填空题

1. 测图前，除做好仪器、工具及资料的准备工作外，还应着重做好_____的准备工作。它包括_____及_____等工作。

2. 展绘控制点时，应在图上标明控制点的_____。

3. 对于地物，碎部点应选在_____，如房角点、道路转折点、交叉点、河岸线转弯点以及独立地物的中心点等。

4. 对于地貌来说，碎部点应选在最能反映地貌特征的_____等地形线上，如山顶、鞍部、山脊、山谷、山坡、山脚等坡度变化及方向变化处。

5. 增补测站点的方法有_____、_____和_____。

6. 视距导线应布设成_____形式，增设的临时测站一般不超过_____个。

7. 等高线的勾绘方法有_____、_____和_____等。

8. 地形图的基本绘制流程图主要包括_____、_____、_____和_____等流程。

9. 用 CASS 可以展绘_____，也可以展绘_____。

二、简答题

1. 经纬仪配合量角器测图的操作过程是什么？

2. 经纬仪测图的注意事项有哪些？

3. 对于大比例尺测图，应按什么原则进行取点？

4. 什么是数字测图？

5. 数字测图有哪些优点？

6. 已知 a、b、c、d、e 五点及其高程（单位：m），ab、ad 为山脊线，ac、ae 为山谷线，请绘制等高线（等高距 1 m）。

7. 测图前，应对聚酯薄膜图纸的坐标方格网进行检查，有何要求？

8. 下表是量角器配合经纬仪测图法在测站 A 上观测 2 个碎部点的记录，定向点为 B，仪器高为 $i_A=1.5$ m，经纬仪竖盘指标差 $X=0°12'$，测站高程 $H_A=4.50$ m，试计算碎部点的水平距离和高程。

序号	下丝读数 /m	上丝读数 /m	竖盘读数 /(° ′)	水平盘读数 /(° ′)	水平距离 D /m	高程 H /m
1	1.947	1.300	87 21	136 24		
2	2.506	2.150	91 55	241 19		

一、选择题

1. 高差与水平距离之（　　）为坡度。

    A. 和　　　　　　　B. 差　　　　　　　C. 比　　　　　　　D. 积

2. 在地形图上，量得 A 点高程为 21.17 m，B 点高程为 16.84 m，AB 的平距为 279.50 m，则直线 AB 的坡度为（　　）。

    A. 6.8%　　　　　　B. 1.5%　　　　　　C. −1.5%　　　　　D. −6.8%

3. 在 1∶1 000 的地形图上，量得 AB 两点间的高差为 0.586 m，平距为 5.86 cm；则 A、B 两点连线的坡度为（　　）。

    A. 4%　　　　　　　B. 2%　　　　　　　C. 1%　　　　　　　D. 3%

4. 在比例尺为 1∶2 000、等高距为 2 m 的地形图上，要求从 A 到 B 以 5% 的坡度选定一条最短的路线，则相邻两条等高线之间的最小平距应为（　　）。

    A. 20 mm　　　　　B. 25 mm　　　　　C. 10 mm　　　　　D. 5 mm

5. 在 1∶1 000 地形图上，设等高距为 1 m，现量得某相邻两条等高线上 A、B 两点间的图上距离为 0.01 m，则 A、B 两点的地面坡度为（　　）。

    A. 1%　　　　　　　B. 5%　　　　　　　C. 10%　　　　　　D. 20%

6. 横断面的绘图顺序是从图纸的（　　）依次按桩号绘制。

    A. 左上方自上而下，由左向右　　　　　　B. 右上方自上向下，由左向左

    C. 左下方自下而上，由左向右　　　　　　D. 右上方自上向下，由右向左

二、填空题

1. 在 1∶500 地形图上等高距为 0.5 m，则图上相邻等高线相距_____，才能使地面有 8% 的坡度。

  2. 求图上两点间的距离有_____

和_____

两种方法。其中，_____较为精确。

3. 量测图形面积的方法有_____、_____、_____和_____等方法。

4. 断面图上的高程比例尺一般比水平距离比例尺大_____。

5. 确定汇水范围时应注意，边界线应与_____一致，且与_____垂直。

6. 在场地平整的土方估计中，其设计高程的计算是用_____。

7. 场地平整的方法很多，其中_____是应用最广泛的一种。

三、简答题

1. 如何进行地物和地貌的识读？

2. 简述地形图应用的基本内容。

3. 根据下图所示的等高线，作 AB 方向的断面图。

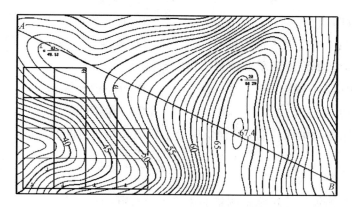

4. 在地形图上将高低起伏的地面设计为水平或倾斜面时，如何计算场地的设计高程？如何确定填、挖边界线？

5. 按限制坡度选定最短路线，设限制坡度为 4%，地形图比例尺为 1∶2 000，等高距为 1 m，求该路线通过相邻两条等高线的平距。

第 4 篇　民用与工业建筑施工测量

第 13 章　建筑施工测量基本工作

一、选择题

1. 测设的三项基本工作是（　　）。

    A. 测设已知的高差，测设已知的水平角，测设已知的距离

    B. 测设已知的角度，测设已知的距离，测设已知的高差

    C. 测设已知的边长，测设已知的高程，测设已知的角度

    D. 测设已知的高程，测设已知的水平角，测设已知的距离

2. 设 A、B 为平面控制点，已知：$\alpha_{AB}=26°37'$，$x_B=287.36$ m，$y_B=364.25$ m，待测点 P 的坐标 $x_P=303.62$ m，$y_P=338.28$ m，设在 B 点安置仪器用极坐标法测设 P 点，计算的测设数据 BP 的距离为（　　）。

    A. 39.64   B. 30.64   C. 31.64   D. 32.64

3. 在一地面平坦、无经纬仪的建筑场地，放样点位应选用（　　）方法。

    A. 直角坐标   B. 极坐标   C. 角度交会   D. 距离交会

4. 用水准测设某已知高程点 A 时，水准尺读数为 1.000 m，若要用该站水准仪再测设比 A 点低 0.200 m 的 B 点时，水准尺读数应为（　　）m。

    A. 0.08   B. 1.2   C. 1   D. 0.2

5. 用一般方法测设水平角，应取（　　）作测设方向线。

　　A. 盘左方向线　　　　　　　　　　　　B. 盘右方向线

　　C. 盘左、盘右的 1/2 方向线　　　　　D. 标准方向线

6. 用角度交会法测设点的平面位置所需的数据是（　　）。

　　A. 一个角度、一段距离　　　　　　　B. 纵、横坐标差

　　C. 两个角度　　　　　　　　　　　　D. 两段距离

7. 采用偏角法测设圆曲线时，其偏角应等于相应弧长所对圆心角的（　　）。

　　A. 2 倍　　　　　　B. 1/2　　　　　　C. 2/3　　　　　　D. 1/4

二、简答题

1. 什么叫施工测量？建筑施工测量的主要内容有哪些？

2. 建筑施工测量的特点有哪些？

3. 测设点的平面位置有哪些方法？各适用于什么情况？

4. 路线中线测量的任务是什么？其主要工作内容有哪些？

三、计算题

1. 在地面上要测设一段 84.200 m 的水平距离 AB，现先用一般方法定出 B' 点，再丈量精度 $AB'=84.248$ m，丈量所用钢尺的尺长方程式为 $l_t=30+0.0071+1.25\times10^{-5}\times30\times(t-20\ ℃)$，作业时温度 $t=11\ ℃$，施于钢尺的拉力与检定钢尺时的相同，AB' 两点的高差 $h=-0.96$ m。问：如何改正 B' 点才能得到 B 点的准确位置？

2. 要在 CB 方向测设一条坡度为 $i=-2\%$ 的坡度线，已知点 C 的高程为 120 m，则 B 点的高程应为多少？

3. 要测设 $\angle ACB=120°$，先用一般方法定出 B' 点，再精确测量 $\angle ACB'=120°00'25''$，已知 CB' 的距离为 $D=180$ m，问如何移动 B' 才能使角值为 120°，应移动多少距离？

4. 场地附近有一水准点 A，$H_A=126.320$ m，欲测设高程为 126.920 m 的室内 ±0.000 标高，水准仪在 A 点立尺读数为 0.928 m，试说明其测设方法。

5. 下图中 J、K 为已知导线点，P 为某设计点位。按图中数据计算在 J 点用极坐标法测设 P 点的放样数据 β、D。其中：$X_K=746.202$ m，$Y_K=456.588$ m；$X_J=502.110$ m，$Y_J=496.225$ m；$X_P=450.000$ m，$Y_P=560.000$ m。

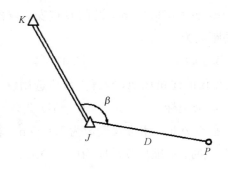

6. 已知交点桩号为 K3+182.76，转角 $\Delta_R = 25°48'$，圆曲线半径 $R = 300$ m，试计算曲线测设元素与主点里程。

7. 已知交点的桩号为 K8+912.01，测得转角 $\Delta_R = 25°48'$，圆曲线半径 $R = 300$ m，求曲线元素及主点里程。

第 14 章　建筑施工场地控制测量

一、单项选择题

1. 中型企业场地测设建筑方格网边长及角度误差精度要求为（　　）。

    A. 1：50 000—5″   B. 1：25 000—10″

    C. 1：10 000—15″   D. 1：20 000—15″

2. 小型企业场地测设建筑方格网边长及角度误差精度要求为（　　）。

    A. 1：50 000—5″   B. 1：25 000—10″

    C. 1：10 000—15″   D. 1：20 000—15″

3. 大型企业场地测设建筑方格网边长及角度误差精度要求为（　　）。

    A. 1：50 000—5″   B. 1：25 000—10″

    C. 1：10 000—15″   D. 1：20 000—15″

4. 建筑方格网主轴线尽可能通过（　　）中央，且与主要建筑物的（　　）平行。

    A. 建筑场地   B. 轴线   C. 控制点   D. 导线

5. 建筑方格网中的正方形或矩形的边长，一般以（　　）m 为宜。场地不大时，也可采用（　　）m 的边长。

    A. 100   B. 200   C. 300   D. 500

二、多项选择题

1. 施工场地的平面控制形式有（　　）。

    A. 导线   B. 建筑基线

    C. 建筑方格网   D. 轴线

2. 测设建筑方格网的方法有（　　）。

    A. 主轴线交点法   B. 轴线法

    C. 测定法   D. 导线法

3. 测设场地建筑方格网的准备工作有（　　）。

    A. 放样数据   B. 现场踏勘

    C. 编制测设方案   D. 检校经纬仪

4. 主轴线交点法测设下图所示的建筑方格网主轴线 *AOB* 和 *COD* 应具备的条件是（　　）。

    A. *M*、*N* 为已知控制点   B. *O*、*A*、*B*、*C*、*D* 的坐标

    C. 经纬仪   D. 水准仪

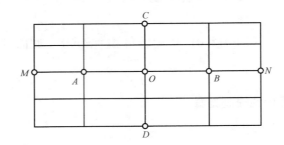

5. 投测法测设高程建筑物轴线中，设置控制点应注意的问题有（　　　）。

    A. 控制点不少于 3 个

    B. 控制点应离开轴线 500～800 mm

    C. 控制点位置应平行或垂直于控制桩

    D. 应根据建筑物平面形状来考虑

三、简答题

1. 建筑施工场地平面控制网的布设形式有哪几种？各适用于什么场合？

2. 建筑基线常用形式有哪几种？基线点为什么不能少于 3 个？

3. 建筑基线的测设方法有几种？试举例说明。

4. 建筑方格网如何布置？主轴线应如何选定？

5. 建筑方格网的主轴线确定后，方格网点如何测设？

6. 施工高程控制网如何布设？布设后应满足什么要求？

四、计算题

如下图所示，测设出直角 $\angle BOD'$ 后，用经纬仪精确地检测其角值为 $89°59'30''$，并知 $OD'=150$ m，问 D' 点在 $D'O$ 的垂直方向上改动多少距离才能使 $\angle BOD$ 为 $90°$？

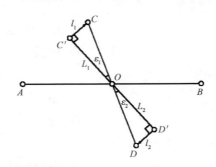

第 15 章　民用与工业建筑施工测量

一、选择题

1. 建筑物产品分为（　　　）和（　　　）两大类。

    A. 建筑物　　　　　　B. 构筑物　　　　　　C. 道路　　　　　　D. 桥梁

2. 建筑物分为（   ）和（   ）两大类。

    A. 建筑物   B. 构筑物   C. 工业建筑   D. 民用建筑

3. 建筑施工图分为（   ）。

    A. 建筑总平面图和施工总平面图   B. 建筑施工图和结构施工图

    C. 暖卫施工图和电气施工图   D. 基础平面图和基础详图

4. 三通一平是（   ）。

    A. 水通   B. 电通   C. 道路通   D. 施工场地平整

5. 施工现场准备工作包括（   ）。

    A. 施工场地平整   B. 三通一平

    C. 测量放线   D. 搭设临时设施

6. 建筑红线是（   ）的界限。

    A. 施工用地范围   B. 规划用地范围

    C. 建筑物占地范围   D. 建设单位申请用地范围

7. 施工测量是工程施工各阶段所进行的测量工作的总称，其中包括（   ）。

    A. 规划设计阶段的地形测量   B. 场地平整测量

    C. 基础施工测量   D. 主体施工测量

8. 建筑平面图尺寸线一般注有三道，有（   ）、（   ）、（   ）。

    A. 长宽总尺寸   B. 轴线间尺寸

    C. 门窗洞口尺寸   D. 散水、雨篷尺寸

9. 民用建筑是指（   ）等建筑物。

    A. 住宅、办公楼   B. 道路、桥梁

    C. 医院、学校   D. 食堂、俱乐部

10. 施工测量的任务是按照设计的要求，把建筑物的（   ）到地面上，作为（   ）并配合施工进度（   ）。

    A. 平面位置和高程测设   B. 施工的依据

    C. 保证施工安全   D. 保证施工质量

11. 设计图纸是施工测量的主要依据，与施工放样有关的图纸主要有（   ）。

    A. 建筑总平面图   B. 建筑平面图

    C. 基础平面图   D. 基础剖面图

12. 从建筑（   ）上可以查明拟建建筑物与原有建筑物的（   ）的关系。它是测设建筑物（   ）和（   ）的依据。

    A. 平面位置   B. 总体定位   C. 总平面图   D. 高程

13. 从建筑（   ）上查明建筑物的（   ）和内部各（   ）的尺寸关系。

    A. 总尺寸   B. 平面图

    C. 建筑总平面图   D. 定位轴线间

14. 从基础（　　）上可以查明基础（　　）与定位（　　）的关系尺寸，以及基础布置与基础（　　）位置关系。

   A. 轴线　　　　　　B. 平面图　　　　　　C. 剖面　　　　　　D. 边线

15. 从基础（　　）上可以查明基础（　　）尺寸、设计标高以及基础（　　）与定位（　　）的尺寸关系。

   A. 立面　　　　　　B. 轴线　　　　　　C. 边线　　　　　　D. 剖面图

16. 建筑的定位，就是将建筑物外廓各（　　）（　　）在地面上，然后再根据这些点进行（　　）放样。

   A. 轴线交点　　　B. 测定　　　　　　C. 测设　　　　　　D. 细部

17. 轴线控制桩的测设：基础开挖前，应将（　　）引测到基础槽外 2～4 m 不受施工干扰的地方，测设上（　　）并做好轴线钉的标志，作为基础开挖后恢复各（　　）的依据。

   A. 轴线控制桩　　B. 控制桩　　　　　C. 边线　　　　　　D. 轴线

18. 根据轴控桩用经纬仪将主墙体的轴线投到基础墙的（　　），用红油漆画出轴线标志，写出（　　）编号，作为上部（　　）投测的依据。还应在四周用水准仪抄出（　　）标高线，弹以墨线标志，作为上部标高控制的依据。

   A. 轴线　　　　　　B. 外侧　　　　　　C. 轴线　　　　　　D. −0.1 m

19. 皮杆数是根据建筑物剖面图画出每块砖和灰缝的厚度，并注明墙体上窗台、（　　）等构件标高的位置。

   A. 屋面坡度　　　　　　　　　　　　B. 门窗洞口、过梁
   C. 雨篷、圈梁、楼板　　　　　　　　D. 轴线

20. 内控法的三种投测方法有（　　）。

   A. 吊线坠法　　　　　　　　　　　　B. 天顶垂直法
   C. 天底垂直法　　　　　　　　　　　D. 投测法

21. 管道的主点是指管道的起点、终点和（　　）。

   A. 中点　　　　　　B. 交点　　　　　　C. 接点　　　　　　D. 转向点

22. 管道主点测设数据的采集方法，根据管道设计所给的条件和精度要求，可采用图解法和（　　）。

   A. 模拟法　　　　　B. 解析法　　　　　C. 相似法　　　　　D. 类推法

23. 顶管施工，在顶进过程中的测量工作，主要包括中线测量和（　　）。

   A. 边线测量　　　　B. 曲线测量　　　　C. 转角测量　　　　D. 高程测量

24. 管道竣工测量的内容包括（　　）。

   A. 测绘竣工总平面图与横断面图　　　B. 测绘竣工总平面图与纵断面图
   C. 测绘竣工总平面图　　　　　　　　D. 测绘竣工纵断面图

25. 中平测量中，转点的高程等于（　　）。

A ．视线高程－前视读数　　　　　B．视线高程＋后视读数

C．视线高程＋后视点高程　　　　D．视线高程－前视点高程

26. 中线测量中，转点 ZD 的作用是（　　）。

A. 传递高程　　　　　　　　　　B. 传递方向

C. 传递桩号　　　　　　　　　　D. A、B、C 都不是

27. 道路纵断面图的高程比例尺通常比里程比例尺（　　）。

A. 小一倍　　　　B. 小 10 倍　　　　C. 大一倍　　　　D. 大 10～20 倍

二、简答题

1. 民用建筑施工测量包括哪些主要工作？

2. 在下图中，已标出新建筑物的尺寸，以及新建筑物与原有建筑物的相对位置尺寸，另外建筑物轴线距外墙皮 240 mm，试述测设新建建筑物的方法和步骤。

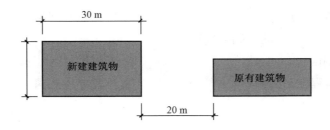

3. 轴线控制桩和龙门板的作用是什么？如何设置？

4. 楼层建筑轴线测设的方法有哪几种？

5. 工业建筑施工测量包括哪些主要工作？

6. 如何进行柱子的垂直校正工作？应注意哪些问题？

第 16 章　建筑物变形观测及竣工总平面图编制

一、选择题

1. 沉降观测是用（　　）。

A. 水准测量的方法　　　　　　　B. 经纬仪观测方法

C. 视准观测方法　　　　　　　　D. A 和 B

2. 倾斜观测是在（　　）。

A. 建筑物中、下部设置观测标志

B. 建筑物上、下部设置观测标志

C. 建筑物中、上部设置观测标志

D. 建筑物上、中、下部设置观测标志

3. 沉降观测，工作基点一般不少于（　　）个。

A. 1　　　　　　　B. 2　　　　　　　C. 3　　　　　　　D. 4

4. 建筑物的变形观测包括（　　　）。

    A. 沉降观测　　　　　　　　　　　　B. 倾斜观测与位移观测

    C. 裂缝观测与扰度观测　　　　　　　D. 以上都是

5. 水准基点距观测点距离不宜大于（　　　）m。

    A. 100　　　　　　　B. 150　　　　　　　C. 200　　　　　　　D. 250

6. 建筑物倾斜的表示方法是（　　　）。

    A. 倾斜角　　　　　B. 竖向偏移量　　　C. 水平向偏移量　　　D. 斜率

7. 建筑物的倾斜观测通常采用（　　　）。

    A. 吊线坠投测法　　　　　　　　　　B. 经纬仪投测法

    C. 钢尺丈量法　　　　　　　　　　　D. 激光垂直仪法

8. 建筑变形测量点可分为（　　　）。

    A. 控制点与观测点　　　　　　　　　B. 基准点与观测点

    C. 联系点与观测点　　　　　　　　　D. 定向点与观测点

9. 位移观测是在（　　　）的基础上进行。

    A. 高程控制网　　　　　　　　　　　B. 平面控制网

    C. 平面与高程控制网　　　　　　　　D. 不需要控制网

二、名词解释

1. 位移观测

2. 沉降观测

3. 裂缝观测

4. 近井点

5. 联系测量

6. 导入高程测量

7. 厂址测量

8. 工厂现状图测量

三、简答题

1. 建筑变形测量的目的是什么？主要内容有哪些？

2. 变形测量点分为控制点和观测点，控制点是如何分类的？选设时应符合什么要求？

3. 变形观测周期是如何确定的？

4. 建筑物的沉降观测中水准基点和沉降观测点的布设有哪些要求？

5. 建筑物主体倾斜观测有哪些方法？各适用于什么场合？

6. 裂缝观测有哪些方法？各适用于什么场合？

7. 编绘竣工总图的目的是什么？有何作用？

四、计算题

1. 地基的不均匀沉降导致建筑物发生倾斜,某建筑物的高度 $h=29.5$ m,基础上的沉降观测点 A、B 间的水平距离 $L=10.506$ m,用精密水准测量法观测得 A、B 两点的沉降差 $\Delta h=0.033$ m,试计算该建筑物的倾斜率与顶点位移量。

2. 测得某圆形建筑物顶部中心点的坐标为 $x_T=4\,155.951$ m,$y_T=2\,011.933$ m,底部中心点的坐标为 $x_B=4\,155.647$ m,$y_B=2\,011.069$ m,试计算顶部相对于底部的倾斜位移量与方位角。

附录 G 《建筑工程测量》练习题参考答案

第 1 篇 建筑工程测量基础知识

第 1 章 测量学基础知识

一、填空题

1. 形状 大小 平面位置 高程

2. 测定 测设

3. 大地水准面 铅垂线

4. 高斯平面直角

5. 距离 角度 高程

二、选择题

1. A 2. C 3. D

三、简答题

略，详见课本。

四、计算题

$h_{AB} = 15.446 \text{ m}$，$h_{BA} = -15.446 \text{ m}$。

第 2 章 直线定向

一、填空题

1. 直线定向

2. 真子午线方向 磁子午线方向 坐标纵轴方向

3. 磁偏角 子午线收敛角 磁坐偏角

4. 标准方向 顺时针 水平夹角 $0°\sim360°$

5. 象限角

6. $180°$

二、简答题

略，详见课本。

三、计算题

48°51′27″

第3章 测量误差基本知识

一、填空题

1. 测量误差

2. 观测仪器 观测者 外界条件 观测条件

3. 系统误差 偶然误差

4. 中误差 相对中误差 限差

二、简答题

略，详见课本

三、计算题

(1)一测回观测值的中误差13″；(2)算术平均值67°31′11″，中误差6.5″。

第2篇 测量仪器及使用

第4章 水准仪

一、填空题

1. 水准仪 水准尺 尺垫

2. 粗略整平 瞄准水准尺 精确整平

3. 附合水准路线 支水准路线

4. 仪器误差 观测误差

二、选择题

1. D 2. D 3. D 4. C

三、简答题

略，详见课本。

四、计算题

1.

点号	测站数	实测高差/m	改正数/mm	改正后高差/m	高程/m
A					30.666
1	2	−2.687	−4	−2.691	27.975
2	1	0.426	−2	0.424	28.399
3	3	3.121	−7	3.114	31.513
4	1	0.919	−2	0.917	32.430
A	2	−1.760	−4	−1.764	30.666
检核			$f_h = 19$ mm		

2. $H_A = 1\ 217.802\ \text{m}$, $H_B = 1\ 216.726\ \text{m}$, $H_C = 1\ 215.929\ \text{m}$。

第5章 经纬仪

一、填空题

1. 水平角　竖直角

2. 水平角　0°～360°

3. 竖直角　－90°～90°

4. 对中　整平　瞄准目标　读数

5. 测回法　方向观测法

二、简答题

略，详见课本。

三、计算题

1.

测站	测回	目标	水平度盘读数		2c	平均读数	归零后的方向值	各测回归零方向平均值
			盘左(L)	盘右(R)				
			(° ′ ″)	(° ′ ″)	″	(° ′ ″)	(° ′ ″)	(° ′ ″)
O	1					0 02 06		
		A	00 02 06	180 02 00	+6	0 02 03	0 00 00	0 00 00
		B	51 15 42	231 15 30	+12	51 15 36	51 13 30	51 13 36
		C	131 54 12	311 54 00	+12	131 54 06	131 52 00	131 52 11
		D	182 02 24	2 02 24	0	182 02 24	182 00 18	182 00 30
		A	0 02 12	180 02 06	+6	0 02 09		
		Δ	+6	+6				
	2					90 03 14		
		A	90 03 30	270 03 24	+6	90 03 27	0 00 00	
		B	141 17 00	321 16 54	+6	141 16 57	51 13 43	
		C	221 55 42	41 55 30	+12	221 55 36	131 52 22	
		D	272 04 00	92 03 54	+6	272 03 57	182 00 43	
		A	90 03 36	270 03 36	0	90 03 00		
		Δ	+6	+12				

2.

测回	竖盘位置	目标	水平度盘读数	半测回角值	一测回角值	各测回平均值	备注
1	左	A	0°03′12″	88°13′36″	88°13′39″	88°13′32″	
		B	88°20′48″				
	右	A	180°03′30″	88°13′42″			
		B	286°21′12″				
2	左	A	90°06′12″	88°13′24″	88°13′24″		
		B	178°19′36″				
	右	A	270°06′36″	88°13′24″			
		B	358°20′00″				

3.

测站	目标	竖盘位置	竖盘读数	半测回竖直角	指标差	一测回竖直角	备注
O	A	左	68°18′24″	21°41′36″	12″	21°41′48″	
		右	291°42′00″	21°42′00″			
	B	左	91°32′42″	−1°32′42″	6″	−1°32′36″	
		右	268°27′30″	−1°32′30″			

第6章　距离测量

一、填空题

1. 直线长度　水平距离　倾斜距离
2. 钢尺量距　视距测量　光电测距
3. 目估定线　经纬仪定线
4. 微波测距仪　光电测距仪

二、简答题

略，详见课本。

三、计算题

平均值为 125.098 m，相对误差为 1/10 000。

第7章　全站仪

简答题

略，详见课本。

第8章 全球定位系统(GPS)

一、填空题

1. 美国的 GPS　俄罗斯的 GLONASS　中国的北斗

2. 空间系统　地面监控系统　用户系统

3. 伪距　载波相位

4. 静态定位　动态定位　绝对定位　相对定位

5. 点连式　边连式　网连式

二、选择题

1. B　2. CD　3. D　4. D

三、简答题

略,详见课本。

第3篇　大比例尺地形图测绘及应用

第9章　小地区控制测量

一、选择题

1. C　2. A　3. B　4. C　5. B

二、填空题

1. −100 m　　　2. −200 m　　　3. +0.01 m　　　4. 1/4 005

5. 56°11′　　　6. 144°57′　　　7. −79.50,90.20

三、名词解释

1. 测量控制网——对地面上按一定原则布设的相互联系的一系列固定点所构成的网,并按一定技术标准测量网点的坐标。

2. 控制点——以一定精度测定其位置的固定点。

3. 平面控制点——具有平面坐标值的控制点。

4. 高程控制点——具有高程值的控制点。

5. 控制测量——在一定区域内,为地形测图和工程测量建立控制网所进行的测量。

6. 导线测量——将一系列测点依相邻次序连成折线形式,并测定各折线边的边长和转折角,再根据起始数据推算各测点平面位置的技术与方法。

7. 导线点——以导线测量方法测定的固定点。

8. 闭合导线——起止于同一已知点的环形导线。

9. 附合导线——起止于两个已知点的导线。

10. 支导线——由已知点出发，不附合、不闭合于任何已知点的导线。

11. 导线角度闭合差——导线测量的角度观测值总和与其理论值的差值。

12. 导线全长闭合差——由导线的起点推算至终点的位置与已知点位置之差。

13. 导线相对闭合差——导线全长闭合差与导线全长的比值。

14. 前方交会——在两个已知点以上分别对待定点相互进行水平角观测，并根据已知点的坐标及观测角值计算出待定点坐标的方法。

15. 图根点——直接用于测绘地形图碎部的控制点。

16. 碎部点——地形测图中的地形、地物点。

四、简答题

1. 答：在小地区内(15 km² 以下)，为大比例尺测图和工程建设建立的控制网，称为小地区控制网。

2. 答：直接用于地形测图的控制点称为图根控制点。图根点位置的测定工作，称为图根控制测量。

3. 答：选择测图控制点时，应注意下列几点：

(1)相邻点间通视良好，地势较平坦，便于测角和量距。

(2)点位应选在土质坚实处，便于保存标志和安置仪器，同时也便于施测碎部和施工放样。

(3)导线各边的长度应大致相等，除特殊情形外应不大于 350 m，也不宜小于 50 m，其平均边长应符合相关规定。

(4)导线点应有足够的密度，分布较均匀，便于控制整个测区。

4. 答：$\Delta x_{AB} > 0$，$\Delta y_{AB} > 0$ 时，$R_{AB} > 0$，$A \to B$ 方向位于第一象限，$\alpha_{AB} = R_{AB}$；

$\Delta x_{AB} < 0$，$\Delta y_{AB} > 0$ 时，$R_{AB} < 0$，$A \to B$ 方向位于第二象限，$\alpha_{AB} = R_{AB} + 180°$；

$\Delta x_{AB} < 0$，$\Delta y_{AB} < 0$ 时，$R_{AB} > 0$，$A \to B$ 方向位于第三象限，$\alpha_{AB} = R_{AB} + 180°$；

$\Delta x_{AB} > 0$，$\Delta y_{AB} < 0$ 时，$R_{AB} < 0$，$A \to B$ 方向位于第四象限，$\alpha_{AB} = R_{AB} + 360°$。

5. 答：计算方位角闭合差 f_β，$f_\beta < f_{\beta限}$ 时，反号平均分配 f_β；

推算导线边的方位角，计算导线边的坐标增量 Δx、Δy，计算坐标增量闭合差 f_x，f_y，

计算全长相对闭合差 $K = \dfrac{\sqrt{f_x^2 + f_y^2}}{\sum D}$，式中 $\sum D$ 为导线各边长之和，如果 $K < K_限$，按边长比例分配 f_x，f_y。

计算改正后的导线边的坐标增量，推算未知点的平面坐标。

6. 答：测量规范规定，测量控制网应由高级向低级分级布设。如平面三角控制网是按一等、二等、三等、四等、5″、10″ 和图根网的级别布设，城市导线网是在国家一等、二等、三等或四等控制网下，按一级、二级、三级和图根网的级别布设。一等网的精度最高，图根网的精度最低。控制网的等级越高，网点之间的距离就越大、点的密度也越稀、控制的范围就越大；控制网的等级越低，网点之间的距离就越小、点的密度也越密、控制的范围就越小。控制测量是先布

设能控制大范围的高级网，再逐级布设次级网加密，通常称这种测量控制网的布设原则为"从整体到局部"。因此，测量工作的原则可以归纳为"从整体到局部，先控制后碎部"。

7. 答：在平面直角坐标系中，根据直线的长度、坐标方位角和一个端点的坐标，求另一端点坐标，称为坐标正算；根据直线两端的坐标，求直线的长度和坐标方位角，称为坐标反算。

五、计算题

1. 解：据题意知

(1) 导线全长闭合差：$f_d = \pm \sqrt{f_x^2 + f_y^2} = \pm \sqrt{0.211\,6 + 0.122\,5} = \pm 0.578\,(\text{m})$

相对闭和差：$K = |f_d| / \sum D = \dfrac{0.578}{1\,216.38} = \dfrac{1}{2\,100}$

(2) $V_{\Delta y} = -f_y / \sum D \times 100 = 0.35 \times 100/1216.38 = 0.029\,(\text{m})$

$V_{\Delta x} = -f_x / \sum D \times 100 = 0.46 \times 100/1216.38 = 0.038\,(\text{m})$

2. 解：据题意，其计算结果见下表。

点号	角度观测值（右角）/(° ′ ″)	改正值/(″)	改正后角值/(° ′ ″)	坐标方位角/(° ′ ″)
1	112 15 23	−5	112 15 18	
				123 10 21
2	67 14 12	−5	67 14 07	
				235 56 14
3	54 15 20	−5	54 15 15	
				1 40 59
4	126 15 25	−5	126 15 20	
				55 25 39
Σ	360 00 20	−20	360 00 00	

$\sum \beta_{理} = (4-2) \times 180° = 360°$ $f_\beta = \sum \beta_{测} - \sum \beta_{理} = 360°00'20'' - 360° = +20''$

3. 解：$\alpha_{B1} = 197°15'27'' + 90°29'25'' - 180° = 107°44'52''$

$\alpha_{12} = 107°44'52'' + 106°16'32'' - 180° = 34°01'24''$

$\alpha_{23} = 34°01'24'' + 270°52'48'' - 180° = 124°54'12''$

$\alpha_{34} = 124°54'12'' + 299°35'46'' - 180° = 244°29'58''$

4. 解：(1) 推算坐标方位角。

$\alpha_{B1} = 89°12'01'' - 32°30'12'' + 180° = 236°41'49''$

$\alpha_{12} = 236°41'49'' - 261°06'16'' + 180° = 155°35'33''$

（2）计算坐标增量。

$\Delta x_{B1} = 123.704 \times \cos236°41'49'' = -67.922(\text{m})$

$\Delta y_{B1} = 123.704 \times \sin236°41'49'' = -103.389(\text{m})$

$\Delta x_{12} = 98.506 \times \cos155°35'33'' = -89.702(\text{m})$

$\Delta y_{12} = 98.506 \times \sin155°35'33'' = 40.705(\text{m})$

（3）计算 1、2 点的平面坐标。

$x_1 = 3\,065.347 - 67.922 = 2\,997.425(\text{m})$

$y_1 = 2\,135.265 - 103.389 = 2\,031.876(\text{m})$

$x_2 = 2\,997.425 - 89.702 = 2\,907.723(\text{m})$

$y_2 = 2\,031.876 + 40.705 = 2\,072.581(\text{m})$

5.

点名	水平角	方位角	水平距离	Δx	Δy	x	y
	° ′ ″	° ′ ″	m	m	m	m	m
A		237 59 30					
B	99 01 08	157 00 38	225.853	−207.915	88.209	2 507.693	1 215.632
1	167 45 36	144 46 14	139.032	−113.568	80.201	2 299.778	1 303.841
2	123 11 24	87 57 38	172.571	6.141	172.462	2 186.210	1 384.042
3						2 192.351	1 556.504

6. 解：根据已知条件，按照坐标方位角计算公式得

$\alpha_{31} = 305°12'27.5''$，$\alpha_{32} = 72°34'17.6''$

$\alpha_{34} = 191°14'12.7''$，$\alpha_{35} = 126°46'53.78''$

7. 解：$\alpha_{23} = \alpha_{12} - \beta_2 \pm 180° = 30° - 120° + 180° = 90°$

$\alpha_{34} = \alpha_{23} - \beta_3 \pm 180° = 90° - 75° + 180° = 195°$

$\alpha_{45} = \alpha_{34} - \beta_4 \pm 180° = 195° - 126° + 180° = 249°$

$\alpha_{51} = \alpha_{45} - \beta_5 \pm 180° = 249° - 134° + 180° = 295°$

$\alpha_{12} = \alpha_{51} - \beta_1 \pm 180° = 295° - 85° - 180° = 30°$（检查）

8. 解：$\alpha_{A1} = \alpha_{AM} + \beta_A = 332°10'20'' + 82°22'30'' = 54°32'50''$

$\alpha_{12} = \alpha_{A1} + 180° + \beta_1 = 54°32'50'' + 180° + 225°17'30'' = 99°50'20''$

$\alpha_{23} = \alpha_{12} + 180° - \beta_2 = 99°50'20'' + 180° - 215°37'10'' = 64°13'10''$

$\alpha_{34} = \alpha_{23} + 180° - \beta_3 = 64°13'10'' + 180° - 157°59'30'' = 86°13'40''$

第10章　地形图基本知识

一、填空题

1. 地物　地貌

2. 数字比例尺　图示比例尺

3. 等高线平距

4. 等高线　相邻等高线间的高差

5. 首曲线　计曲线　间曲线　助曲线

6. 右　坐南朝北

7. 角点　坡度变化点

8. 垂直

9. 比例符号　非比例符号　半比例符号

10. 详细

11. 山头与洼地　山脊与山谷　鞍部　陡崖与悬崖

12. ⊖上水检修井，⊕下水检修井，◬下水暗井，⦸煤气、天然气检修井，⊖热力检修井，☮电信检修井，⦸电力检修井，⊜污水箅子，♀加油站，♀路灯，⫫花圃，⊥⊥旱地，─▽───▽───▽挡土墙，┴───o───┴栅栏，-×────×-铁丝网，┬·┬·┬·┬加固陡坎，┬┬┬┬┬未加固陡坎，-+────+-篱笆，∘···∘···∘活树篱笆，♈独立树——棕榈、椰子、槟榔，⇑独立树——针叶，♀独立树——果树，♀独立树——阔叶，↓稻田

13. 下坡　上坡

14. 图上一段直线长度与地面上相应线段的实际长度

15. 0.15 mm

16. 0.3 mm

17. 长虚线

二、选择题

1.D　2.D　3.C　4.A　5.D　6.D　7.C　8.C　9.D　10.C　11.D

三、简答题

1. 答：地物是指地面上天然或人工形成的物体，如海洋、河流、湖泊、道路、房屋、桥梁等；地面高低起伏的自然形态统称地貌，如高山、丘陵、平原、洼地等。地物和地貌总称为地形。

2. 答：比例尺精度等于 $0.1M$（mm），M 为比例尺的分母值，用于确定测图时距离的测量精度。例如，取 $M=500$，比例尺精度为 50 mm＝5 cm，测绘 1∶500 比例尺的地形图时，要求测距误差应小于 5 cm。

3. 答：

(1)等高性：在同一等高线上所有各点的高程都相等。

（2）闭合性：每一条等高线都必须成一组闭合曲线，因图幅大小限制或遇到地物符号时可以中断，但要绘制到图幅或地物边，否则不能在图中中断。

（3）非交性：等高线通常不能相交或重叠，只有在绝壁和悬崖处才会重叠或相交。特别当等高线跨越河流时，不能直穿而过，要渐渐折向上游，过河后渐渐折向下游。

（4）正交性：山脊线、山谷线都要和等高线垂直相交。

（5）密陡稀缓性：在同一幅地形图上等高距是相同的，因此，等高线密度越大（平距越小），表示地面坡度越陡；反之，等高线密度越小（平距越大），表示地面坡度越缓；等高线密度相同（平距相等），表示坡度均匀。

4. 答：①为山顶；②为高地；③为凹地；④向山顶里凹的一组曲线为山谷；⑤向山顶外凸的一组曲线为脊线。

5. 答：数字比例尺——$\dfrac{d}{D} = \dfrac{1}{D/d} = \dfrac{1}{M}$，图示比例尺。

国家基本比例尺地形图——1∶10 000、1∶25 000、1∶50 000、1∶100 000、1∶250 000、1∶500 000、1∶1 000 000 七种比例尺地形图。

大比例尺地形图——1∶5 000、1∶2 000、1∶1 000 和 1∶500。

中比例尺地形图——1∶10 000、1∶25 000、1∶50 000、1∶100 000。

小比例尺地形图——1∶1 000 000、1∶500 000、1∶200 000。

6. 答：

比例尺	1∶500	1∶1 000	1∶2 000	1∶5 000	1∶10 000
用途	建筑设计、城市详细规划、工程施工设计、竣工图		城市详细规划、工程项目初步设计	城市总图规划、厂址选择、区域布置、方案比较	

7. 答：地物符号分为比例符号、非比例符号和半比例符号。

比例符号——可按测图比例尺缩小、用规定符号画出的地物符号，称为比例符号，如房屋、较宽的道路、稻田、花圃、湖泊等。

非比例符号——三角点、导线点、水准点、独立树、路灯、检修井等，其轮廓较小，无法将其形状和大小按照地形图的比例尺绘到图上，不考虑其实际大小，而是采用规定的符号表示。

半比例符号——带状延伸地物，如小路、通信线、管道、垣栅等，其长度可按比例缩绘，而宽度无法按比例表示的符号，称为半比例符号。

8. 答：等高线——地面上高程相等的相邻各点连成的闭合曲线。

等高距——地形图上相邻等高线间的高差。

等高线平距——相邻等高线间的水平距离。

等高线可以分为首曲线、计曲线和间曲线。

首曲线——按基本等高距测绘的等高线，用 0.15 mm 宽的细实线绘制。

计曲线——从零米起算,每隔四条首曲线加粗的一条等高线称为计曲线,用 0.3 mm 宽的粗实线绘制。

间曲线——对于坡度很小的局部区域,当用基本等高线不足以反映地貌特征时,可按 1/2 基本等高距加绘一条等高线。间曲线用 0.15 mm 宽的长虚线绘制,可不闭合。

第 11 章 大比例尺地形图测绘

一、填空题

1. 测图板 坐标方格网图纸的准备 展绘控制点

2. 点号与高程

3. 地物轮廓线的方向变化处

4. 山脊线、山谷线

5. 视距支导线 视距导线 内外分点法

6. 附合或闭合导线 5

7. 比例内插法 图解法 目估法

8. 数据输入 绘制地物 绘制等高线 数据输出

9. 点号 编码

二、简答题

1. 答:安置仪器;立尺;观测;记录与计算;展点与绘图。

2. 答:(1)应事先对所用仪器工具进行检验校正。

(2)测角时不用测回法,盘左或盘右均可。但每一测站应多次检查起始方向是否为零。若归零差超限,需重新照准起始方向安置 $0°00'00''$,再对碎部点进行逐点改正。

(3)每一测站测绘前,应先对图上已展绘的各碎部点进行检查,点数不应少于两个。检查无误后,才能开始测绘。当每站工作结束后,也应进行检查。在确认地物、地貌无测错或漏测时,方可迁站。

(4)测图工作的基本原则是"点点清、站站清、天天清"。在描绘地物、地貌时,必须遵守"看不清不绘"的原则。

3. 答:(1)有些房屋凹凸转折较多时,可只测定其主要转折角(大于 2 个),取得有关长度,然后按其几何关系用推平行线法画出其轮廓线。

(2)对于圆形建筑物可测定其中心并量其半径绘图;或在其外廓测定三点,然后用作图法定出圆心,绘出外廓。

(3)公路在图上应按实测两侧边线绘出;大路或小路可只测其一侧的边线,另一侧按量得的路宽绘出。

(4)道路转折点处的圆曲线边线应至少测定三点(起点、终点和中点)绘出。

(5)围墙应实测其特征点,按半比例符号绘出其外围的实际位置。

4. 答:数字测图的基本原理是采集地面上的地形、地物要素的三维坐标以及描述其性质与相互关系的信息，然后录入计算机，借助于计算机绘图系统处理、显示、输出地形图。

5. 答：(1)测图用图自动化。数字测图使野外测量自动记录、自动解算，使内业数据自动处理、自动成图、自动绘图，并向用图者提供可处理的数字地(形)图软盘，用户可自动提取图数信息。

(2)图形数字化。用软盘保存的数字地(形)图，存储了图中具有特定含义的数字、文字、符合等各类数据信息，可方便地传输、处理和供多用户共享。数字地图的管理既节省空间，操作又十分方便。

(3)点位精度高。用全站仪采集数据，测定地物点的误差在 450 m 内约为 ±22 mm，测定地形点的高程误差在 450 m 内约为 ±21 mm；若距离在 300 mm 以内，则测定地物点的误差约为 ±15 mm，测定地形点的高程误差约为 ±18 mm。在数字测图中，野外采集的数据精度毫无损失，也与图的比例尺无关。数字测图的高精度为地籍测量、管网测量、房产测量、工程规划设计等提供了保证。

6.

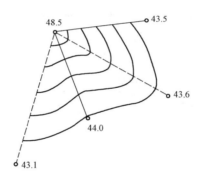

7. 答：(1)将直尺沿方格的对角线方向放置，同一条对角线方向的方格角点应位于同一直线上，偏离不应大于 0.2 mm。

(2)检查各个方格的对角线长度，其长度与理论值 141.4 mm 之差不应超过 0.2 mm。

(3)图廓对角线长度与理论值之差不应超过 0.3 mm。

8.

序号	下丝读数/m	上丝读数/m	竖盘读数/(° ')	水平盘读数/(° ')	水平距离 D/m	高程 H/m
1	1.947	1.300	87 21	136 24	64.54	7.589
2	2.506	2.150	91 55	241 19	35.57	2.606

第 12 章　地形图应用

一、选择题

1. C　2. C　3. C　4. A　5. C　6. C

二、填空题

1. 6.25 m

2. 直接测量　根据直线两端点的坐标计算水平距离　根据直线两端点的坐标计算水平距离

3. 透明方格纸法　平行线法　几何图法　求积仪法

4. 10～20 倍

5. 山脊线　等高线

6. 加权平均法

7. 方格法

三、简答题

1. 答：(1)地物识读。在熟悉地物符号的基础上识读地物。要知道地形图使用的是哪一种图例，要熟悉一些常用的地物符号，了解符号和注记的确切含义。根据地物符号，了解主要地物的分布情况，如村庄名称、公路走向、河流分布、地面植被、农田、山村等。

(2)地貌识读。要正确理解等高线的特性，根据等高线了解图内的地貌情况，首先要知道等高距是多少，然后根据等高线的疏密判断地面坡度及地形走势。

2. 答：(1)在图上确定某点的坐标和高程；

(2)在图上确定两点间的水平距离；

(3)在图上确定某一直线的坐标方位角；

(4)在图上确定任意一点的高程；

(5)在图上确定某一直线的坡度。

3. 解：绘制的纵断面图如下页图。

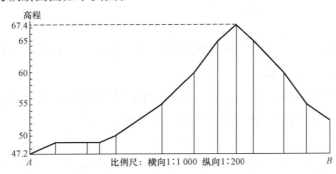

题 3 图

4. 答：在地形图上拟建场地内绘制方格网，根据地形图上的等高线用内插法求每一个方格网的高程，再用加权平均法计算原地形的平均高程，即为将场地平整成水平面时使挖填土方量保持平衡的设计高程。用目估法插出高程点，即填挖边界点，叫零点。连接相邻点的曲线，称为填挖边界线。

5. 解：该路线通过相邻两条等高线的平距为 $d = h/i = 1/0.04 = 25(\text{m})$。

第4篇　民用与工业建筑施工测量

第13章　建筑施工测量基本工作

一、选择题

1. D　2. B　3. D　4. B　5. C　6. C　7. B

二、简答题

1. 答：施工测量(测设，俗称放样)是把图纸上设计好的建筑物、构筑物的平面位置和高程，按设计要求以一定的精度测设到地面上，作为施工的依据，并在施工过程中进行一系列的测量工作，以衔接和指导各工序间的施工。

建筑施工测量的主要内容有：施工场地平整；建立施工控制网；施工放样与安装测量；竣工测量；建(构)筑物的变形观测。

2. 答：(1)施工测量是直接为工程施工服务的，它必须与施工组织计划相协调。测量人员应与设计、施工部门密切联系，了解设计内容、性质及对测量的精度要求，随时掌握工程进度及现场的变动，使测设精度与速度满足施工的需要。

(2)施工现场各工序交叉作业，运输频繁，地面情况变动大，受各种施工机械振动影响，因此测量标志从形式、选点到埋设，均应考虑便于使用、保管和检查，如标志在施工中被破坏，应及时恢复。

(3)施工测量人员在施工现场工作，也应特别注意人员和仪器的安全。确定安放仪器的位置时，应确保下面牢固、上面无杂物掉下、周围无车辆干扰。进入施工现场，测量人员一定要佩戴安全帽，同时要保管好仪器、工具和施工图纸，避免丢失。

3. 答：测设点的平面位置常用的方法有直角坐标法、极坐标法、角度交会法和距离交会法等。

直角坐标法是建立在直角坐标原理基础上测设点位的一种方法。当建筑场地已建立有相互垂直的主轴线或建筑方格网时，一般采用此法。

极坐标法是根据控制点、水平角和水平距离测设点平面位置的方法。在控制点与测设点间便于使用钢尺量距的情况下，采用此法较为适宜；而利用测距仪或全站仪测设水平距离，则没有此项限制，且工作效率和精度都较高。

角度交会法是在两个控制点上分别安置经纬仪，根据相应的水平角测设出相应的方向，根据两个方向交会定出点位的一种方法。此法适用于测设点离控制点较远或量距有困难的情况。

距离交会法是从两个控制点利用两段已知距离进行交会定点的方法。当建筑场地平坦且便于量距时，用此法较为方便。

4. 答：测量任务是将路线设计中心线测设到实地。主要工作内容为测设中线交点 JD、转点 ZD、量距和钉桩、测量转点上的转角 α、测设曲线等。

三、计算题

1. 解：设 AB' 方向上的斜距 d 的水平距离为 84.200 m，则 $d=(84.200^2+0.96^2)^{\frac{1}{2}}=84.205(\text{m})$，而 AB' 的实际斜距为 $84.248\times[30+0.007\,1+1.25\times10^{-5}\times30\times(t-20\ ℃)]/30=84.258(\text{m})$，所以 B' 点在 AB' 方向上往 A 方向移动 $84.258-84.205=0.053(\text{m})$，才能得到 B 点的准确位置。

2. 解：B 点的高程应为 $H_B=36.425-2\%\times120=34.025(\text{m})$。

3. 答：B' 点向 A 方向移动，应移动的距离为 $180\times25/206\,265=0.022(\text{m})$。

4. 解：(1)在水准点 A 与木桩 B(室内标高)之间安置水准仪，在 A 点所立水准尺上测得后视读数，为 0.928 m，则视线高程为
$$126.320+0.928=127.248(\text{m})$$

(2)计算 B 点水准尺尺底恰好位于设计高程时的前视读数 b。
$$b=127.248-126.920=0.328(\text{m})$$

(3)上、下移动竖立在木桩 B 侧面的水准尺，使尺上读数为 0.328 m。此时紧靠尺底在桩上画一水平线，其高程即为 126.920 m。

5. 解：先计算坐标增量如下：
$$\begin{cases} \Delta X_{JK}=X_K-X_J=+244.092 \\ \Delta Y_{JK}=Y_K-Y_J=-39.637 \end{cases}$$
$$\begin{cases} \Delta X_{JP}=X_P-X_J=-52.110 \\ \Delta Y_{JP}=Y_P-Y_J=+63.775 \end{cases}$$

再利用坐标反算公式计算距离和方位角：
$$D=\sqrt{(-52.110)^2+63.775^2}=82.357(\text{m})$$

$$\alpha_{JK}=\arctan\frac{-39.637}{+244.092}=360°-9°13'25''=350°46'35''$$

$$\alpha_{JP}=\arctan\frac{+63.775}{-52.110}=180°-50°44'53''=129°15'07''$$

两坐标方位角之差即为所求角度 β：
$$\beta=\alpha_{JP}-\alpha_{JK}=129°15'07''-350°46'35''=138°28'32''$$

6. 解：曲线测设元素
$$T=R\tan(\alpha/2)=68.709\text{ m},\ L=R\cdot\alpha\cdot\frac{\pi}{180}=135.088\text{ m},\ E=R\left(\sec\frac{\alpha}{2}-1\right)=7.768\text{ m}$$

$$D=2T-L=2.33\text{ m}$$

主点里程
$$Z_{ZY}=3182.76-68.709=3\,114.051(\text{m})=\text{K}3+114.051$$
$$Z_{QZ}=3114.051+135.088/2=3\,181.595(\text{m})=\text{K}3+181.595$$

$Z_{YZ} = 3114.051 + 135.088 = 3\ 249.139(m) = K3 + 249.139$

7. 解：切线长 $T = 68.709$，圆曲线长 $L = 135.088$，外距 $E = 7.768(m)$，切曲差 $D = 2.330\ m$。

桩号 $Z_{ZY} = K8 + 843.301$，$Z_{QZ} = K8 + 910.845$，$Z_{YZ} = K8 + 978.389$。

第 14 章　建筑施工场地控制测量

一、单项选择题

1. B　2. C　3. A　4. AB　5. BA

二、多项选择题

1. ABC　2. BD　3. ABC　4. BC　5. ABCD

三、简答题

1. 答：①建筑基线：适用于地势平坦且又简单的小型施工场地。

②建筑方格网：适用于建筑物布置比较规则和密集的大中型建筑场地。

③导线：适用于带状的施工场地。

2. 答：建筑基线常用形式有一字形、L 形、T 形或十字形。

为了检核和提高放样建筑基线的精度，确保放样正确，基线点不能少于 3 个。

3. 答：测设建筑基线的方法：用建筑红线测设和用附近控制点测设两种。

(1)用建筑红线测设：对于有建筑红线的建筑，可以用建筑红线测设，如图所示。

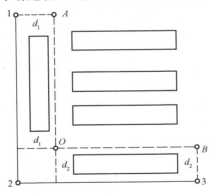

(2)用附近控制点测设：在非建筑区没有建筑红线作依据，可以根据附近控制点，用极坐标法或角度交会法测设。

4. 答：建筑方格网布置成正方形或矩形。主轴线尽可能通过建筑场地中央，且与主要建筑物轴线平行。

5. 答：建筑方格网的主轴线确定后，就可以用角度交会法测设主方格网点；然后，再以主方格网点为基础，加密其他格网点。

6. 答：施工高程控制网应布设成闭合水准路线或附合水准路线；布设后水准网应与国家水准点联测，密度尽量做到设一个测站即可测设出待测的高程点。中小形建筑场地一般可用 S3 水准仪按四等水准测量方法测量出水准点的高程，对连续性生产车间，则需要用三等水准测量方法测定点的高程。

四、计算题

解：根据题意，所测角值与90°之差为

$$90°-89°59'30''=30''$$

利用公式有：$l=L \cdot \dfrac{\varepsilon}{\rho}=150 \times \dfrac{30}{206\ 265}=0.022(\text{m})$

第15章 民用与工业建筑施工测量

一、选择题

1. AB	2. CD	3. B	4. ABCD	5. BCD	6. B	7. BCD
8. ABC	9. ABD	10. ABD	11. ABCD	12. CABD	13. BAD	14. BDAC
15. DACB	16. ACD	17. ABD	18. BACD	19. BC	20. ABC	21. D
22. B	23. D	24. B	25. A	26. B	27. D	

二、简答题

1. 答：建筑物的定位、放线；基础工程测量；墙体工程测量。

2. 答：(1)设置辅助点 a、b：用顺小线法沿东西山墙量水平距离 2 m 标定 a、b 两点。

(2)设置垂足 c、d：在 a 点安置经纬仪，以 b 点定向，按计算的测设数据分别定出 c、d 两点。

(3)测设定位点 E、F、M、N：在测站 c 安置经纬仪，以 a 点定向，正拨 90°，沿经纬仪视准轴方向量取计算的测设数据，桩钉角桩 E、F；同理测设 M、N 点。

(4)检查：先检测弱角 $\angle F$、$\angle N$，要求在 90°±1′ 范围内；再检测弱边 FN，要求 $K \leqslant 1/5\ 000$。

3. 答：轴线控制桩和龙门板的作用：为了便于在施工中恢复各轴线位置，在各轴线的延长线上设置轴线控制桩和龙门板。

龙门板的测设：

(1)钉龙门桩：在基槽开挖边线以外 1.5～2 m 处钉龙门桩，要竖直牢固，桩面与基槽平行。

(2)测设±0.000 标高线：根据建筑场地水准点，在每个龙门桩上测设±0.000 标高线。若现场条件不许可时，也可测设比±0.000 高或低某一整分米数的标高线。

(3)钉龙门板：沿龙门桩上±0.000 标高线钉龙门板，使顶面与标高线平齐，误差为±5 mm。

(4)钉中心钉：采用经纬仪投测法或顺小线法，将轴线引测到龙门板顶面上，并用小钉标定，该钉即为轴线钉或中心钉。

(5)检查并设置施工标志：用钢尺沿龙门板顶面检查轴线钉的间距，以轴线钉为准，将墙宽、基础宽、基槽宽标定在龙门板上。

4. 答：楼层轴线的测设方法主要有重锤法、经纬仪投测法和激光铅直仪投测法。

对于低层和多层常用前两种。

(1)重锤法：在楼板或柱顶边缘悬挂重锤，当锤尖对准基础墙立面上红色三角形轴线标志时，按铅垂线在施工面上标定出轴线投影标志，以同样方法定出另一端，此连线即为轴线。

(2)经纬仪投测法：在控制桩上安置经纬仪，采用正倒镜取中法，将基础墙立面上的轴线引测到施工面边缘，并作标志，把相应的标志点相连即为轴线。

(3)激光铅直仪投测法：将仪器安置在底层轴线控制点上，进行严格的对中整平，在施工层预留孔中央放置接收靶，开启仪器，接收靶上会有一光斑，此光斑即为欲铅直投测的控制点。

5. 答：工业建筑测量的工作内容有：厂房矩形控制网测设；厂房柱列轴线放线；杯形基础施工测量；厂房预制构件与设备的安装测量。

6. 答：(1)柱子吊起插入杯口后，使柱脚中心线与杯口顶面弹出的柱轴线(柱中心线)在两个互相垂直的方向上同时对齐，用硬木楔或钢楔暂时固定，如有偏差可用锤敲打楔子校正。

(2)用两架经纬仪分别安置在互相垂直的两条柱列轴线上，离开柱子的距离约为柱高的1.5倍处同时观测。

(3)观测时，经纬仪先照准柱子底部的中心线，固定照准部，逐渐仰起望远镜，使柱中线始终与望远镜十字丝竖丝重合，则柱子在此方向是竖直的；若不重合，则应调整柱子直至互相垂直的两个方向都符合要求为止。

柱子校正的注意事项：

(1)校正前经纬仪应严格检验校正。操作时还应注意使照准部水准管气泡严格居中；校正柱子竖直时只用盘左或盘右观测。

(2)柱子在两个方向的垂直度都校正好后，应再复查柱子下部的中心线是否仍对准基础的轴线。

(3)在校正变截面的柱子时，经纬仪必须安置在柱列轴线上，以免产生差错。

(4)当气温较高时，在日照下校正柱子垂直度时应考虑日照使柱子向阴面弯曲，柱顶产生位移的影响。

第 16 章　建筑物变形观测及竣工总平面图编制

一、选择题

1. A　2. B　3. C　4. D　5. A　6. D　7. B　8. A　9. B

二、名词解释

1. 位移观测——对被观测物体的平面位置变化所进行的测量。

2. 沉降观测——对被观测物体的高程变化所进行的测量。

3. 裂缝观测——对被观测物体裂缝所进行的测量。

4. 近井点——为进行矿山工业场地施工测量和联系测量，在井口附近设立的控制点。

5. 联系测量——将地面平面坐标系统和高程系统数据传递到井下的测量。

6. 导入高程测量——为确定井下水准基点的高程,将地面高程点传递到井下所进行的测量。

7. 厂址测量——为工厂选址所进行的测量工作。

8. 工厂现状图测量——为经营管理以及改扩建而进行的工厂现状图的测量工作。

三、简答题

1. 答:目的——掌握建筑物施工中及建成后的沉降和位移情况,以便于综合分析,及时采取工程措施,确保建筑物的安全。

内容包括沉降观测和位移观测。沉降观测在高程控制网的基础上进行,位移观测在平面控制网的基础上进行。

2. 答:控制点包括基准点、工作基准点以及联系点、检核点、定向点等工作点。

(1)基准点应选设在变形影响范围以外便于长期保存的稳定位置。

(2)工作基点应选设在靠近观测目标且便于联测观测点的稳定或相对稳定位置。

(3)对需要单独进行稳定性检查的工作基点或基准点应布设检核点,其点位应根据使用的检核方法成组地选设在稳定位置处。

(4)对需要定向的工作基点或基准点应布设定向点,并应选择稳定且符合照准要求的点位作为定向点。

3. 答:应以能系统反映所测变形的变化过程且不遗漏其变化时刻为原则,根据单位时间内变形量的大小及外界因素影响确定。当观测中发现变形异常时,应及时增加观测次数。

变形测量的首次(即零周期)观测应适当增加观测量,以提高初始值的可靠性。

4. 答:水准点——水准基点和工作基点。

每一个测区的水准点不应少于 3 个。水准基点的标石,应埋设在基岩层或原状土层中。在建筑区内,点位与邻近建筑物的距离应大于建筑物基础最大宽度的 2 倍,其标石埋深应大于邻近建筑物基础的深度。在建筑物内部的点位,其标石埋深应大于地基土压层的深度。

工作基点位置与邻近建筑物的距离不得小于建筑物基础深度的 1.5～2.0 倍。工作基点与联系点也可设置在稳定的永久性建筑物墙体或基础上。

水准标石埋设后,应达到稳定后方可开始观测。稳定期根据观测要求与测区的地质条件确定,一般不宜少于 15 d。

沉降观测点——布设在建筑物上、能全面反映建筑物地基变形特征并结合地质情况及建筑结构特点确定:①建筑物的四角、大转角处及沿外墙每 10～15 m 处或每隔 2 或 3 根柱基上;②高层建筑物、新旧建筑物、纵横墙等交接处的两侧;③建筑物裂缝和沉降缝两侧、基础埋深相差悬殊处、人工地基与天然地基接壤处、不同结构的分界处及填挖方分界处;④宽度≥15 m 或<15 m 而地质复杂以及膨胀土地区的建筑物,在承重内隔墙中部设内墙点,在室内地面中心及四周设地面点;⑤邻近堆置重物处、受振动有显著影响的部位及基础下的暗浜(沟)处;⑥框架结构建筑物的每个或部分柱基上或沿纵横线设点;⑦片筏基础、箱形基础

底板或接近基础的结构部分之四角处及其中部位置；⑧重型设备基础和动力设备基础的四角、基础形式或埋深改变处以及地质条件变化处两侧；⑨电视塔、烟囱、水塔、油罐、炼油塔、高耸建筑物，沿周边在与基础轴线相交的对称位置上布点，点数不少于 4 个。

5. 答：①测定基础沉降差法——适用于观测场地比较狭小，框架结构（刚性比较好）建筑物；②激光垂直仪法——要求建筑物的顶部与底部之间至少有一个竖向通道；③投点法——适用于建筑物周围比较空旷的倾斜主体；④测水平角法——适用于塔形、圆形建筑物的主体倾斜观测；⑤测角前方交会法——适用于不规则高耸建筑物的主体倾斜观测。

6. 答：对于数量不多，易于量测的裂缝，可视标志形式的不同，用比例尺、小钢尺或游标卡尺等工具定期丈量标志间的距离求得裂缝变位值，或用方格网板定期读取"坐标差"计算裂缝变化值；对于较大面积且不便于人工量测的众多裂缝，宜采用近景摄影测量方法。

7. 答：目的：检验建筑物的平面位置与高程是否符合设计要求，作为工程验收及营运管理的基本依据。

作用：①将设计变更的实际情况测绘到竣工总图上；②将地下管网等隐蔽工程测绘到竣工总图上，为日后的检查和维修工作提供准确的定位；③为项目扩建提供原有各建筑物、构筑物、地上和地下各种管线及交通线路的坐标、高程等资料。

四、计算题

1. 解：建筑物的倾斜率 $i = \dfrac{\Delta h}{L} = 0.033 \div 10.506 = 0.314\%$。

建筑物的顶点位移量为 $i \times h = 0.314\% \times 29.5 = 0.093 \text{(m)}$。

2. 解：$T \rightarrow B$ 方向的位移量为 0.333 m，方位角为 $335°53'52''$。

参 考 文 献

[1] 莫南明.建筑工程测量实训教程[M].重庆：重庆大学出版社，2007.

[2] 杨晓平.建筑工程测量实训手册[M].武汉：华中科技大学出版社，2008.

[3] 卢正.建筑工程测量实训指导[M].2版.北京：科学出版社，2008.

[4] 张敬伟.建筑工程测量实验与实习指导[M].北京：北京大学出版社，2009.

[5] 王云江.建筑工程测量（含实习指导）[M].北京：中国计划出版社，2008.